世界大戦で活躍した「陸の覇者」がカラーで甦る！

世界の戦車

完全網羅カタログ

カラー収録55輌!!

「歴史の真相」研究会

宝島社

※本書は第一次世界大戦、第二次世界大戦で実戦配備された戦車および、第三次世界大戦以降に世界各国で採用された主力戦車を掲載し、完全網羅としています。

はじめに

第一次世界大戦で初めて戦場に登場した戦車は、戦局を一変させるほどの威力を発揮し、人々を驚かせた。第二次世界大戦では各国が競って強力な火砲と鉄壁の装甲を備えた戦車を造り出し、兵器として劇的な成長を遂げた戦車はいつしか「陸の覇者」と呼ばれる存在になった。いまだに戦車を超える陸上兵器は

存在しておらず、各国が様々な技術を尽くして開発したM1エイブラムスやレオパルト2、10式戦車などの強力が戦車が戦場に君臨し続けている。

本書では第一次世界大戦から現代に至るまでの戦車を307輌を掲載している。戦車という兵器がどのような進化を遂げて、戦場における最も強力な兵器のひとつになったのかをたどることができるだろう。

世界の戦車 完全網羅カタログ Contents

第1章 日本の戦車

- 18 八九式中戦車
- 20 九二式重装甲車
- 22 九五式軽戦車 ハ号
- 24 九五式重戦車
- 26 九四式軽装甲車 TK
- 27 九八式軽戦車 ケニA
- 28 九七式軽装甲車 テケ
- 30 二式軽戦車 ケト
- 31 四式軽戦車 ケヌ
- 32 一式中戦車 チヘ
- 34 三式中戦車 チヌ
- 36 九七式中戦車 チハ
- 38 特二式内火艇 カミ
- 39 特三式内火艇 カチ
- 40 61式戦車
- 42 74式戦車
- 44 90式戦車
- 46 10式戦車
- 48 試製1号戦車
- 49 試製2号戦車
- 50 四式中戦車 チト
- 51 五式中戦車 チリ
- 52 まだある！ 自衛隊最強車輌

第2章 ドイツの戦車

- 58 A7V突撃戦車
- 60 LKⅡ軽戦車
- 61 Ⅰ号戦車
- 62 Ⅱ号戦車
- 64 Ⅱ号戦車 L型ルクス
- 65 Ⅲ号戦車
- 66 Ⅳ号戦車
- 68 Ⅳ号駆逐戦車
- 70 38(t)駆逐戦車 ヘッツァー
- 72 Ⅴ号戦車 パンター
- 73 Ⅴ号駆逐戦車 ヤークトパンター
- 74 ティーガーⅠ
- 76 エレファント
- 78 ティーガーⅡ
- 80 ヤークトティーガー
- 81 ヤークトパンツァー・カノーネ
- 82 レオパルト1
- 84 レオパルト2
- 85 ノイバウフォールツオイク
- 86 超重戦車 マウス

- 87 E100
- 88 まだある! ドイツの戦車

第3章 アメリカの戦車

- 90 6t戦車 M1917
- 91 フォード3t戦車 M1918
- 92 M1戦闘車
- 93 M2軽戦車
- 94 M2中戦車
- 96 マーモン・ヘリントンCTL
- 98 M3軽戦車 スチュアートⅠ
- 99 M3中戦車
- 100 M4中戦車 シャーマン
- 102 M5軽戦車 スチュアートⅥ
- 104 M7中戦車
- 105 M6重戦車
- 106 M10駆逐戦車 ヘルキャット
- 107 M18駆逐戦車
- 108 M36駆逐戦車 ジャクソン
- 110 M26重戦車 ジェネラル・パーシング
- 111 M24軽戦車 チャーフィー
- 112 M22 ローカスト
- 113 M46中戦車 パットン
- 114 M47中戦車 パットン
- 115 M48中戦車 パットン
- 116 M103重戦車 ファイティング・モンスター
- 117 M551空挺戦車 シェリダン
- 118 M41 ウォーカーブルドッグ
- 120 M60中戦車 パットン
- 122 M1エイブラムス
- 124 T28超重戦車
- 126 T29重戦車
- 127 T30重戦車
- 128 まだある! アメリカの戦車

第4章 イギリスの戦車

- 132 Mk.Ⅰ戦車
- 134 Mk.Ⅴ戦車
- 135 Mk.Ⅷ戦車
- 136 Mk.Ⅸ戦車
- 138 Mk.A中戦車 ホイペット
- 140 ヴィッカース6t戦車
- 142 カーデン・ロイド豆戦車
- 144 Mk.Ⅵ軽戦車
- 145 Mk.Ⅶ軽戦車 テトラーク
- 146 歩兵戦車Mk.Ⅰ マチルダ
- 148 歩兵戦車Mk.Ⅱ マチルダ
- 149 歩兵戦車Mk.Ⅲ ヴァレンタイン
- 150 歩兵戦車Mk.Ⅳ チャーチル
- 152 歩兵戦車Mk.Ⅴ ブラック・プリンス
- 154 巡航戦車Mk.Ⅰ
- 155 巡航戦車Mk.Ⅱ
- 156 巡航戦車Mk.Ⅲ
- 157 巡航戦車Mk.Ⅳ
- 158 巡航戦車Mk.Ⅴ カビナンター
- 159 巡航戦車Mk.Ⅵ クルセイダー
- 160 巡航戦車Mk.Ⅷ クロムウェル
- 161 巡航戦車 チャレンジャー
- 162 巡航戦車Mk.Ⅶ キャバリア
- 164 巡航戦車 コメット

166 巡航戦車 センチュリオン
168 シャーマン・ファイアフライ中戦車
170 Mk.Ⅷ軽戦車 ハリー・ホプキンズ
171 駆逐戦車 アキリーズ
172 重突撃戦車 トータス
174 FV4201 チーフテン戦車
176 重戦車 コンカラー
177 ヴィッカースMBT
178 スコーピオン軽戦車（偵察車輛）
180 チャレンジャー1
182 チャレンジャー2
184 リトル・ウィリー
186 A1E1インディペンデント重戦車
187 TOG重戦車
188 まだある！ イギリスの戦車

第5章 ソ連・ロシアの戦車

192 MS-1（T-18）軽戦車
194 T-26軽戦車
196 T-27／T-27A軽戦車
197 T-24中戦車
198 T-28戦車
199 T-37水陸両用軽戦車
200 T-35重戦車
202 T-38軽戦車
203 BT-2中戦車
204 BT-5中戦車
206 BT-7中戦車
207 T-32中戦車
208 T-34中戦車
210 T-34-85中戦車
212 T-40水陸両用軽戦車
213 T-50軽戦車
214 KV-1重戦車
216 KV-2重戦車
218 T-60軽戦車
220 T-70軽戦車
222 オデッサ戦車
223 T-80軽戦車
224 IS-1（IS-85）重戦車
226 IS-2重戦車
228 IS-3重戦車
229 IS-4重戦車
230 SU-85駆逐戦車
231 SU-100駆逐戦車
232 KV-85重戦車
233 T-44中戦車
234 T-54／T-55中戦車
236 T-62中戦車
238 PT-76水陸両用軽戦車
240 T-10重戦車
241 T-64中戦車
242 T-72中戦車
244 T-80U戦車
245 T-80戦車
246 T-90戦車
248 ツァーリ・タンク
249 SMK重戦車
250 オブイェークト279重戦車
252 まだある！ ソ連・ロシアの戦車

第6章 フランスの戦車

- 256 シュナイダーCA.1突撃戦車
- 257 サン・シャモン突撃戦車
- 258 ルノーFT軽戦車（FT-17／FT-18）
- 260 ルノーNC1軽戦車
- 262 シャール2C重戦車
- 264 ルノーD1歩兵戦車
- 265 ルノーD2歩兵戦車
- 266 AMR33軽戦車
- 267 AMC35（ルノーACG1型）軽戦車
- 268 ルノーB1重戦車
- 270 R-35軽戦車
- 272 S-35（ソミュア）中戦車
- 274 オチキスH-35／38／39軽戦車
- 275 AMX R-40軽戦車
- 276 FCM36
- 278 ARL-44重戦車
- 280 AMX-13軽戦車
- 282 AMX-30戦車
- 284 ルクレール
- 286 まだある！ フランスの戦車

第7章 イタリアの戦車

- 288 フィアット2000
- 290 フィアット3000
- 292 フィアット・アンサルドL3カルロ・ベローチェ
- 294 フィアット・アンサルドL6-40軽戦車
- 296 カルロ・アルマートM11／39中戦車
- 297 カルロ・アルマートM13／40中戦車
- 298 カルロ・アルマートM15／42中戦車
- 299 カルロ・アルマートP26／40重戦車
- 300 OF-40
- 302 C-1 アリエテ

第8章 スウェーデン・チェコ・ポーランドの戦車

- 304 L-60軽戦車
- 305 Strv m／40
- 306 Strv m／41
- 307 Strv m／42
- 308 Strv 74
- 309 Strv 103
- 310 Ikv 91水陸両用戦車
- 312 CV90 120-T戦車
- 314 まだある！ スウェーデンの戦車
- 315 T-33豆戦車（CKD／プラガP-1）
- 316 LT-34軽戦車
- 317 LT-35軽戦車
- 318 LT-38軽戦車
- 319 AH-IV小型戦車
- 320 T-72CZ
- 321 T-55AM2
- 322 TK-3／TKS豆戦車
- 324 7TP軽戦車
- 325 PT-91戦車
- 326 T-72M1

第9章 中国・韓国・北朝鮮の戦車

- 328 59式戦車
- 329 62式軽戦車
- 330 63式水陸両用軽戦車
- 331 69/79式戦車
- 332 80式主力戦車
- 334 85式戦車
- 335 88式戦車
- 336 90-II式戦車
- 337 96式戦車
- 338 98式戦車
- 340 99式戦車
- 342 05式水陸両用軽戦車
- 343 K1戦車
- 344 K2戦車 ブラックパンサー
- 346 M1985軽戦車
- 347 天馬号
- 348 暴風号

第10章 諸外国の戦車

- 350 CM-11 勇虎戦車（M48H）
- 351 Pz 68戦車
- 352 アージュン戦車
- 353 ヴィジャンタ戦車
- 354 M50／51戦車 スーパーシャーマン
- 356 ショット戦車 ベングリオン
- 357 マガフ
- 358 メルカバ
- 359 ゾルファガール戦車
- 360 トルディ軽戦車
- 361 トゥラーン中戦車
- 362 スティングレイ軽戦車
- 363 SK105軽戦車 キュラシェーア
- 364 T-84-120
- 366 M-84戦車
- 367 ベルデハ戦車
- 368 巡航戦車 ラム
- 370 TR-85
- 372 巡航戦車 センチネル
- 373 EE-T1 オソリオ
- 374 オリファント戦車
- 375 ナヒュール戦車
- 376 TAM中戦車
- 377 ASCOD105
- 378 まだある！世界各国の戦車

10式戦車
詳細はP46へ

世界の最新最強戦車FILE

アメリカ軍の技術を結集した最強名車

M1エイブラムス
詳細はP122へ

ドイツ連邦軍が開発した最新鋭パンツァー

レオパルト2
詳細はP84へ

英国軍が誇る最新鋭主力戦車

イギリス チャレンジャー2
詳細はP182へ

インドでも活躍するロシア軍最強戦車

ロシア T-90戦車

詳細はP246へ

米独戦車と同レベルのフランス第3世代主力戦車

**フランス
ルクレール**
詳細はP284へ

イスラエル軍が開発した第3・5世代戦車

**イスラエル
メルカバ**
詳細はP357へ

中国軍の高性能陸軍兵器

**中国
99式戦車**
詳細はP340へ

©Vitaly Kuzmin

ウクライナ軍の高速戦車

**ウクライナ
T-84-120**
詳細はP364へ

第1章
日本の戦車

第二次世界大戦で活躍した九七式中戦車（チハ）や一式中戦車（チヘ）から、自衛隊の主力戦車10式まで、日本が誇る陸の兵器を徹底解説。

国産初の制式戦車
八九式中戦車

八九式中戦車は、日本で初めて制式化された国産戦車である。陸軍造兵廠大阪工廠にて1927年に設計を開始、1929年4月に試作車が完成した。八九式という名称は、1929年が皇紀2589年にあたることから名づけられた。当初、10t程度の軽戦車の開発を目的としていたため、完成時の重量は9・8t。そのため、日本陸軍の分類法に沿って八九式軽戦車という名称であった。しかし、実用部隊からのたび重なる改修要求を受け、最終的な車体重量は11・8tとなり、八九式中戦車の名称が与えられた。重量増加により、機動性は損なわれた。

DATA

採用：1929年　重量：11.8t　全長：5.75m　全幅：2.18m　全高：2.56m　エンジン：三菱空冷6気筒ディーゼル105hp　武装：57㎜砲、6.5㎜機銃×2　最大速度：25km/h　乗員：4名

第1章　日本の戦車

トルコ帽型の車長展望台が特徴的な八九式甲型。

エンジンは水冷ガソリンエンジンを搭載していたが、1934年〜1935年頃に空冷ディーゼルエンジンへと変更。世界初の空冷ディーゼルエンジン搭載戦車となった。また、エンジンの変更を前に、1933年から車体も変更。これらを区別するために、前期型車体は甲型車体、後期型車体は乙型車体と呼ばれるようになった。甲型車体と乙型車体の見た目の違いで最もわかりやすいのは操縦手席と機銃手席の位置だろう。甲型車体では車体左側に操縦手、車体右側に機銃手席となっていたが、乙型車体では位置が逆になっている。

実戦への参加は、1931年の満州事変が初陣。ルノーFT-17軽戦車やルノーNC軽戦車と置き換えられる形で配備された。1932年には第一次上海事変、1933年には熱河作戦、1939年にはノモンハン事件に配備されるなど、長らく日本陸軍の主力戦車として活躍した。主力の座を譲った後も、太平洋戦争におけるフィリピン攻略戦やルソン島防衛戦に参加している。

時速40kmで駆け巡った九二式重装甲車

九二式重装甲車は、現在のいすゞ自動車である石川島自動車製作所（当時の軍用車の開発および生産を行っていた）が発注を受け、1931年に開発を開始、翌年に試作車が完成した。同年中にわずかな改修がなされ、制式化された。九二式という名称は、完成した1932年が皇紀2592年にあたることに由来する。

石川島自動車製作所社内ではスミダTB型九二式軽戦車と呼称されていたように、九二式重装甲車という名称ながら、実質的には軽戦車として運用されていた。従来、戦車は陸軍歩兵科の管轄において運用されてきたが、軽戦車の研究を進めて

DATA

採用：1932年　重量：3t　全長：3.94m　全幅：1.63m　全高：1.87m　エンジン：石川島空冷6気筒ガソリン45hp　武装：13mm機銃、6.5mm機銃　最大速度：40km/h　乗員：3名

第1章 日本の戦車

「装甲車」と名がついているものの、実質的には豆戦車であり騎兵部隊で用いられた。

いたのは騎兵科であり、騎兵科が歩兵科に対して配慮した形で重装甲車という呼称が用いられた。

これは日本のみならず、フランスの騎兵科の戦車は装甲車と呼ばれ、アメリカの騎兵科の戦車は戦闘車（コンバット・カー）と呼ばれていた。

騎兵科が軽戦車の開発に着手したのは、第一次世界大戦で戦車が活躍したことにより、騎兵が時代遅れとなって危機を感じたという背景がある。騎兵科が生き残る術として選んだのが騎兵の機械化であり、その結果、装軌式の車輌の開発に着手することになった。

九二式重装甲車の特徴として、軽量化のために溶接構造を採用したことが挙げられる（当時はリベット接合が主流）。重量3t、最大装甲厚は6mmと軽量化に成功したが、反面、強度不足にも繋がった。また、スピードを求めて開発されたこともあり、最高速度は時速40kmを誇る。この機動性は1932年の馬占山討伐戦や1933年の熱河作戦において重要な役割を果たした。

戦中時、長く日本の主力戦車として活躍した

九五式軽戦車 ハ号

初の国産制式戦車である八九式中戦車は、しばらく日本陸軍の主力戦車として活躍していたが、時速25kmという最高速度では、技術的進歩を続ける歩兵輸送トラックへの同行が困難になっていった。

最高速度時速40kmの九二式重装甲車の活躍や、諸外国が高速の新型戦車を続々と配備し始めたことを受け、八九式中戦車の後継車輌として最高速度時速40km、重量7t以内という仕様の戦車を1933年から開発。1934年には試作車が完成した。設計、試作は民間企業である三菱重工業が請け負った。名称は皇紀に由来。

試作車は最高速度時速40kmという要求は満た

DATA

採用：1936年　重量：7.4t(全備)
全長：4.3m　全幅：2.07m　全高：2.28m　エンジン：三菱空冷6気筒ディーゼル120hp　武装：37㎜砲、7.7㎜機銃　最大速度：40km/h
乗員：3名

第1章　日本の戦車

日本陸軍最高傑作の呼び名も高い九五式軽戦車。

していたものの、重量が7.5tと当初の要求を超過していた。その後、幾度かの改修試作を経て重量は6.7t（全装備時は7.4t）になり、1936年に制式化された。

軽量化を求めたため、防御力には難があった。装甲厚は最大厚で7・62mm徹甲弾をギリギリ止められる12mm。37mm対戦車砲に耐えうる30mm以上の装甲厚を求める声もあったが、軽いディーゼルエンジンを開発する技術のなかった日本が7t以内でそれを実現するのは困難であった。

制式化後、1936年から1943年までに2375輌もの数が量産された。初の本格投入となった1939年のノモンハン事件、1941年のフィリピン攻略戦では戦果をあげたが、1942年のビルマ攻略戦ではイギリス・インド軍のM3軽戦車の前に攻撃が一切効かずに苦戦を強いられた。しかし、エンジン故障が少なく耐久力に優れていたこともあり、第二次世界大戦終戦まで数々の戦闘に参加し、活躍を見せた。

九五式重戦車

実戦投入のなかった多砲塔戦車

第一次世界大戦で戦車が登場して以降、フランスのルノーで開発されたルノーFT-17軽戦車に代表される車体上に1基の全周旋回砲塔を載せ、武装する革新的な設計が世界中に徐々に浸透していった。九二式重装甲車もルノーFT-17を参考に造られた。九五式重戦車は、そんな時代の流れとは異なる形で開発された。日本独自に初めて開発された試製1号戦車、その改良型である試製九一式重戦車もまた多砲塔戦車であった。これらは量産されることがなかったが、試製九一式重戦車をベースに、1932年より開発開始、1934年に試作車が完成。名前の通り、皇紀

DATA

採用：1935年 重量：26t 全長：6.47m 全幅：2.7m 全高：2.9m エンジン：BMW水冷6気筒ガソリン290hp 武装：70mm砲、37mm砲、6.5mm機銃×2 最大速度：22km/h 乗員：5名

第1章　日本の戦車

当時各国で開発されていた多砲塔型戦車のひとつ。

2595年、西暦1935年に制式化。見た目は試製1号戦車、試製九一式重戦車とよく似ていたが、装甲面、火力面がパワーアップしていた。

試製1号戦車、試製九一式重戦車は重量や機動性などの面から量産が見送られたのに対し、九五式重戦車は実用に値するとの評価を受け制式化したはずであるが、生産されたのはたったの4輌であった。これは、九二式重装甲車の活躍などで陸軍内が機動力に重要性を感じていたタイミングであったことが要因。その後に機動力のある戦車を多数生産していく方針が定められたこともあり、26tと大きく時速22kmと機動性のない九五式重戦車の必要性はなくなり、実戦に投入されることはなかった。

車体が大きいがゆえの被弾率の高さ、多武装により機動性や装甲の厚さが損なわれること、大きな車体と武装によりコストがかかることにより多くの国が多砲塔重戦車の運用を見送ってきたが、日本も結局はそれにならう形になった。

牽引車として開発された豆戦車
九四式軽装甲車　ＴＫ

DATA
採用：1934年　重量：3.5t　全長：3.08m　全幅：1.62m
全高：1.62m　エンジン：空冷4気筒ガソリン35hp　武装：
7.7mm機銃　最大速度：40km/h　乗員：2名

装甲牽引車輌として開発されたが、実際には小型戦車として偵察任務などに就いた。

　1930年代はじめに、日本陸軍が前線に弾薬補給するための装軌式トレーラーを牽引する装甲牽引車を要求したことにより開発され、九四式装甲牽引車として仮制式化。TKとは、特殊牽引車の略称である。しかし、豆戦車として使用され、制式化の際に九四式軽装甲車に名称が変更された。

　イギリスのカーデン・ロイド豆戦車Mk.VIを参考に設計され、採用されたコイルスプリングのリンク式サスペンションは以降の日本戦車の標準ともなった。

　火力は自衛用程度、防御力に難があったものの、木材2本で河を渡れるなど歩兵部隊追随にも重宝。第二次世界大戦が終戦を迎えるまで様々な局面で活用された。

第1章 日本の戦車

制式化されてから4年間も放置
九八式軽戦車　ケニA

DATA
採用：1938年　重量：7.2t(全備)　全長：4.11m　全幅：2.12m　全高：1.82m　エンジン：6気筒空冷ディーゼル130hp　武装：37mm砲、7.7mm機銃　最大速度：50km/h　乗員：3名

写真は試作車ケニBで、上部転輪を廃止し片側に大型転輪4組を装備している。

九五式軽戦車の性能をアップさせた後継車輛を開発するため、1938年、ケニ車の秘匿名称で日野自動車と三菱重工業の2社がそれぞれ試作車ケニAとケニBの開発をスタート、翌年には完成した。性能比較試験の結果、日野自動車が開発したケニAが、九八式軽戦車として制式化された。

しかし、すでに九五式軽戦車の大量生産態勢が整っていたことや、前線から厚く信頼されていたこと、無理に変更しなければならないほどの性能差はなかったことなどの理由から、1942年になるまで量産されなかった。さらに、同年には改良型の二式軽戦車が制式化され、すぐに生産終了となる不遇の運命を辿ることとなった。

九七式軽装甲車 テケ

九四式軽装甲車の改良後継車輌

　九四式軽装甲車は、豆戦車として様々な局面で活躍をしていたが、本来、牽引車として開発されていたこともあり、多々欠点も指摘されていた。それらを解消するべく後継車輌として開発されたのが九七式軽装甲車である。池貝自動車（現在の小松製作所川崎工場）が試作、1937年に完成し、制式化された。

　九七式軽装甲車となって改良された点を挙げると、まずは火力の強化。全車輌の3分の1程度に37mm砲を搭載し、そのため、砲塔や車体も大型化している。九四式軽装甲車の時には試作車が造られるにとどまったディーゼルエンジン搭載型と

DATA

採用：1937年　重量：4.75t　全長：3.7m　全幅：1.9m　全高：1.79m　エンジン：空冷4気筒ディーゼル65hp　武装：37mm砲、もしくは7.7mm機銃　最大速度：40km/h　乗員：2名

第1章 日本の戦車

日本で制式化された最後の装軌式装甲車となっている。

なったのも特徴。エンジンの搭載位置は、九四式軽装甲車では左方にむき出しに搭載されていたものの、車体後部へと変更された。前述のように車体が大型化したことに加え、エンジン位置の変更により室内が広く使えるようになり、エンジン室と戦闘室が区切られたことで熱や騒音といった問題も解決された。九四式軽装甲車の、外を見るためのスリットには防弾ガラスがなかったために破片などが飛び込み負傷する恐れがあったが、防弾ガラスを設置。さらに砲塔後部に展望窓を設置した。また、旋回時に外れやすかった履帯は外れにくい方式へと変更された。

その他、乗員が2人であることも欠点として挙げられていた。もし1人が負傷した場合に操縦と戦闘を残された1人がしなければならない事態を危惧した意見であったが、3人乗車にするために重量増加などをすると、結果的にすでに採用されている九五式軽戦車に類似した車輌を開発することになってしまうため見送られた。

九八式軽戦車を強化したが出番はなかった
二式軽戦車　ケト

DATA
生産：1944年　重量：7.2t　全長：4.1m　全幅：2.12m
全高：1.82m　エンジン：空冷6気筒ディーゼル130hp
武装：37㎜砲、7.7㎜機銃　最大速度：50km/h　乗員：3名

終戦後に撮られた写真で砲塔はアメリカ軍によって撤去されている。

　九五式軽戦車を改良した後継車輛として開発された九八式軽戦車であったが、主砲の性能はさほど変わっておらず、また、砲塔の形が狭すぎるという点が不評であった。これらを改良して開発されたのが二式軽戦車である。制式化された1942年が皇紀2602年にあたることから二式軽戦車と名づけられた。秘匿名称であるケトは、ケが軽戦車を表し、トはイロハ順から7番目を表した。すなわち、7番目に開発された軽戦車という意味である。新たに一式37㎜戦車砲を主砲に携え、不評だった砲塔も円錐形から円筒形に変更、生産を待ったが、生産自体1944年まで遅れ、最終的に実戦への登用はなく終戦を迎えた。

第1章 日本の戦車

九五式軽戦車を砲塔ごと換装
四式軽戦車　ケヌ

©Mark Viking

現地改造で九五式軽戦車に九七式中戦車の砲塔を載せたもので、四式軽戦車に似た機体がクビンカ戦車博物館に展示されている。

DATA
作製：1944年　重量：8.4t　全長：4.3m　全幅：2.7m
全高：—　エンジン：三菱空冷6気筒ディーゼル115hp
武装：57mm砲、7.7mm機銃×2　最大速度：40km/h　乗員：3名

　余剰砲塔や戦車砲を有効活用する意味もあり、九五式軽戦車の主砲を九七式中戦車のものと換装した三式軽戦車が開発されたが、小さな砲塔に57mm戦車砲を搭載することは砲塔内に余裕がなくなり操作性に難があった。そこで、九五式軽戦車の砲塔ごと九七式中戦車の主砲と換装した四式軽戦車が開発された。その際、車体の砲塔リングも1000mmから1350mmへとサイズアップ。主砲の換装により火力は増加、全高20cm、重量1tの増加も見られた。

　三式軽戦車は試作だけで生産されなかったが、四式軽戦車は試作のほかに少数ではあるが生産。本土決戦に備えたまま終戦を迎えたため、実戦での運用はなかった。

一式中戦車 チヘ

新戦車砲は先に九七式中戦車が搭載

1938年から1944年にかけて2000輌以上が生産され、九五式軽戦車とともに第二次世界大戦の日本軍の戦車の主力として活躍していた九七式中戦車の防御力と機動力強化を目的とした新車輌として開発されたのが一式中戦車だ。

1940年からチへの秘匿名称（「チ」は「中戦車」を表す）で開発が開始されたものの、太平洋戦争開戦のタイミングということもあって、新たな戦車の開発・生産よりも航空機や艦艇などに予算が優先的に回される状況であった。そのため、一式という名前でありながら、皇紀2601年（西暦1941年）にはまだ完成していなかった。結局

DATA

採用：1941年　重量：17.2t　全長：5.73m　全幅：2.33m　全高：2.38m　エンジン：空冷12気筒ディーゼル240hp　武装：47mm砲、7.7mm機銃×2　最大速度：44km　乗員：4名

第1章　日本の戦車

期待をもって開発されたが、生産を先送りにされ続けた結果活躍の機会を失ってしまった。

試作車が完成したのが1942年、翌年にようやく開発が完了した。

そもそも、一式中戦車開発のきっかけとなったのは1939年のノモンハン事件。ソ連軍のT-26軽戦車やBT快速戦車相手に圧倒され、火力と防御力の改善の必要性を痛感したからである。そこで一式中戦車を開発するとともに、一式中戦車に搭載する高初速にして装甲貫徹力の高い新型47mm戦車砲の開発も進められた。

前述のように一式中戦車の開発に時間がかかっていたこともあり、1942年に先に完成した新型戦車砲は一式47mm戦車砲として制式化され、一式中戦車の完成を待たずに九七式中戦車に搭載された。同じ戦車砲を九七式中戦車が搭載してしまったこともあって、一式中戦車ならではの大きなメリットは装甲厚が九七式中戦車の倍である50mmに強化されたことぐらいになってしまった。

結局、1944年にようやく量産と部隊配備がなされたが戦闘に投入されることはなかった。

三式中戦車 チヌ

M4中戦車に対抗するべく開発

日本軍は脅威であった連合国のM3軽戦車に対抗するべく、九七式中戦車改および一式中戦車を開発した。結果、M3軽戦車とは渡り合うことが可能となったが、連合国は新たにM4中戦車を投入。M3軽戦車の最大装甲厚は50・8mmであったが、M4中戦車の最大装甲厚は76・2mmとなっており、九七式中戦車改および一式中戦車が搭載していた一式47mm戦車砲が通用しなかった。日本陸軍はM4中戦車に対抗するため、75mm戦車砲を装備した装甲厚75mmの新車輌(四式中戦車、五式中戦車)の開発を進めていたが、実用化までには時間がかかる状況であった。

DATA

生産：1944年　重量：18.8t　全長：5.73m　全幅：2.33m　全高：2.61m　エンジン：空冷12気筒ディーゼル240hp　武装：75mm砲、7.7mm機銃　最大速度：39km/h　乗員：5名

第1章 日本の戦車

本土決戦に備えて開発されたため実戦に参加することはなかった。

とはいえ、M4中戦車に対抗しうる戦車が不在のままにしておけるわけもなく、新車輌が実用化されるまでに早急に対応できる策として、1944年、一式中戦車の車体に75㎜砲を搭載した新型戦車の開発を決定した。チヌの秘匿名称で同年5月より開発がスタートし、10月には九〇式野砲を改造した主砲を搭載した試作車が完成した。すぐさま、三式中戦車として制式化されると12月には量産態勢に入った。一式中戦車の量産態勢がすでに整っていたことから、生産ラインはスムーズに切り替えられ、主砲も既存のものを改造して使用したため、順調に生産することができた。

M4中戦車に対抗できる戦車を生産することができたものの、戦況は日本の敗色が濃厚、せっかくの新車輌も外地へ送る船舶がないという状況であった。終戦が近づくにつれ、本土決戦に備えて温存される形となり、終戦までに急ピッチで造られた150輌以上の三式中戦車は、実戦に参加する機会がないまま終戦を迎えることとなった。

九五式軽戦車と並ぶ日本を代表する戦車

九七式中戦車 チハ

　九五式軽戦車と並び、長期間にわたり日本の主力戦車として活躍した九七式中戦車。八九式中戦車の軽戦車としての後継が九五式軽戦車なら、中戦車としての後継が九七式中戦車と言える。八九式中戦車は後期の乙型で機関をディーゼルエンジンにするなど改良が加えられたが、他国の技術的発展に対抗するために新型の中戦車の開発が求められた。これを受け、三菱重工ではチハ、陸軍造兵廠大阪工廠ではチニの秘匿名称を持つ中戦車が同時に開発された。軽量であったチニを採用する流れもあったが、同タイミングで日中戦争があり、重量よりも性能を重視してチハが採用され、

DATA

採用：1937年　重量：15t（全備）
全長：5.56m　全幅：2.33m　全高：2.23m　エンジン：空冷12気筒ディーゼル170hp　武装：57mm砲、7.7mm機銃×2　最大速度：38km/h　乗員：4名

第1章 日本の戦車

九五式軽戦車とともに第二次大戦中の日本軍の主力を担った。

1937年、九七式中戦車として制式化。その後、すぐに量産態勢に入り、1938年から1944年までに2123輌が生産された。

実戦においては日中戦争、マレー作戦で戦果をあげるも、1942年に連合国軍がM3軽戦車を投入し始めると、火力・防御力不足のため厳しい戦いを強いられることとなっていった。

その火力面を補う目的もあり、八九式中戦車と同等の性能であった主砲を、後継車輌として開発されていた一式中戦車に搭載予定の新型戦車砲である一式47mm戦車砲に換装する改造が行われた。

一式中戦車の開発が、一式47mm戦車砲に比べて遅れていたことにも起因する。主砲を換装した改良型の九七式中戦車は九七式中戦車改、新砲塔チハなどと呼ばれた。

第二次世界大戦後半、防御主体の作戦が増えていくなか、後継車輌不足もありつつ、本車は貴重な機甲戦力として数々の戦線に投入され、最後まで主力であり続けた。

九五式をベースに開発された水陸両用戦車
特二式内火艇　カミ

DATA

生産：1942年　重量：12.5t(フロート装着時)　全長：7.5m(フロート装着時)　全幅：2.8m　全高：2.3m　エンジン：三菱空冷6気筒ディーゼル115hp　武装：37mm砲、7.7mm機銃×2　最大速度：37km/h(陸上)　乗員：6名

鹵獲した特二式内火艇でテストを行うオーストラリア軍兵士たち。

　海軍が上陸作戦に使えるような水陸両用の車輌を求め、陸軍技術本部の協力で九五式軽戦車をベースにした水陸両用車輌を開発することとなった。
　秘匿名称はカミとつけられたが、これは他戦車の秘匿名称のように種類と順番を表しているわけではなく、開発に尽力した上西技師の名前に由来する。
　潜水艦への搭載を予定していたため、装甲板には溶接構造を採用、ハッチにはゴムシールを装備した。水上走行を可能とするため、着脱式のフロートが取りつけられた。1942年に特二式内火艇として制式化され、水陸両用戦車として活躍。ちなみに本車は艦船名簿にも記載されており「輌」ではなく「隻」で数えられる。

第1章　日本の戦車

一式中戦車をベースにした水陸両用戦車
特三式内火艇　カチ

DATA
採用:1943年　重量:28.8t(フロート装着時)　全長:10.29m(フロート装着時)　全幅:2.99m　全高:3.81m　エンジン:空冷12気筒ディーゼル240hp　武装:47㎜砲、7.7㎜機銃×2　最大速度:32km/h(陸上)　乗員:7名

輸送艦での搭載実験を行う特三式内火艇。

　日本海軍は九五式軽戦車をベースに水陸両用戦車・特二式内火艇を開発。その成功もあって、より強力で大型の水陸両用戦車を求める声が高まり、一式中戦車をベースにした特三式内火艇の開発が1943年に開始、その年のうちに制式化された。

　特三式内火艇が九五式軽戦車をあまり大きく改造することがなかったのに対し、特三式内火艇は一式中戦車に大きく手を入れて造られた。ただし、改造の要点はフロートの装着や潜水艦に搭載できるよう水密性を高めたりといった部分で共通していた。

　試作車が完成した時点で戦局は悪化しており、生産は約20輌、作戦参加がないまま終戦を迎えた。

61式戦車

戦後初の国産主力戦車

第二次世界大戦後、日本は連合国軍の占領下に入り、ポツダム宣言の執行のために置かれた連合国軍最高司令官総司令部（GHQ）によって兵器の保持、生産を禁じられた。しかし、1950年に朝鮮戦争が勃発すると、GHQは日本に再武装を指示、警察予備隊が創設された。警察予備隊は1952年に保安隊に改組、その際にM24軽戦車などアメリカ軍保有の兵器が供与された。1953年に朝鮮戦争は停戦し、翌1954年に保安隊が改組、陸・海・空、3つの自衛隊が発足し、同時にそれらを管理、運営する防衛庁も発足した。この際、陸上自衛隊には約200輌のM4

DATA

採用：1961年 重量：35t 全長：8.19m 全幅：2.95m 全高：2.49m
エンジン：三菱空冷12気筒ターボチャージド・ディーゼル570hp 武装：90mmライフル砲、12.7mm機銃、7.62mm機銃 最大速度：45km/h
乗員：4名

第1章　日本の戦車

茨城県の土浦駐屯地にある陸上自衛隊武器学校にて展示されている61式戦車。

　A3E8戦車が供与されている。アメリカ軍から戦車の供与を受けてはいたものの、いかんせん使い古された能力不足の戦車であることは否めなかった。1955年になるとアメリカによる対外援助もあり、開発費用のめどがたったため、国産兵器開発の方針が固まった。重量25t、90mm砲の装備などが目標に挙げられた。
　1955年に開発がスタートし、1957年までに第1次試作車STA-1とSTA-2が完成。比較試験に合格したSTA-1とSTA-2をもとに、1958年にはSTA-3とSTA-4が作られた。この2種類の試作車を使い技術試験、運用試験が行われ、1961年に西暦の下2桁をとり、61式戦車として制式化された。武装はアメリカ製中戦車に90mm砲が標準装備されていたこともあり、61式90mm戦車砲として制式化された52口径90mmライフル砲を装備。1962年～1975年の間に560輌が生産された。これらは2000年までに全車輌が退役している。

74式戦車

世界に並ぶ技術を求め開発

61式戦車を制式化、戦後初の国産主力戦車を開発した陸上自衛隊であったが、時を同じくして旧ソ連では115mm滑腔砲搭載のT-62中戦車、西側諸国では105mmライフル砲を搭載するM60戦車、レオパルト1戦車、AMX-30戦車が続々登場。61式戦車は開発直後にして、旧世代の戦車と成り下がった感が否めなかった。そのため、61式戦車完成からわずか4年後の1965年には、後継主力戦車STBの開発がスタート。防衛庁はSTBが目指す基本仕様として、主砲は105mm加農砲を装備、優秀な射撃統制装置（FCS）の装備、自動装填装置もしくは装填補助装置の装備、暗視

DATA

採用：1974年　重量：38t　全長：9.42m　全幅：3.18m　全高：2.25m　エンジン：三菱空冷10気筒ターボチャージド・ディーゼル720hp　武装：105mmライフル砲、12.7mm機銃、7.62mm機銃　最大速度：53km/h　乗員：4名

第1章 日本の戦車

全国に配備され、長い間陸上自衛隊の主力戦車の座を担っていた。

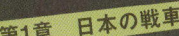

装置の装備、航続距離は200km以上、路上最高速度は時速50km以上などを挙げ、諸外国の主力戦車の技術に追いつくことを開発目標とした。

最初は車体のみの試作車STTが造られ、新たに開発された10ZFディーゼルエンジンを搭載、105㎜砲も搭載し、砲撃による車体への影響を検証するなど各部の試験を行った。その後、1969年にSTB-1、STB-2の試作車2輌を製造。意欲的な試みが多々あったが、費用度外視だったため不採用も多かった。その後コスト面の低減も考慮したSTB-3～6、4輌の二次試作車が1971年までに製造された。最終的に10年の開発期間を要し、1974年に完成、制式化。1989年までに873輌が生産された。高度なFCS搭載による命中率の大幅アップ、油圧式サスペンションの働きで地形や状況に応じて車体を上下左右に姿勢変更させられるといった特徴を持っていた。姿勢変更機能はその後の主力戦車にも引き継がれている。

最新鋭戦車開発に成功

90式戦車

90式戦車は61式戦車、74式戦車に続き開発された、第3世代主力戦車に分類される戦後3代目の主力戦車である。61式戦車は世界の主力戦車が第2世代に移行するなか、74式戦車は同じく第3世代に移行するなかで制式化されるなど、日本の戦車開発は諸外国から一歩遅れていた。

74式戦車が制式化されてほどなく、1977年にはTK-Xという開発名称で90式戦車の開発を開始。当時、アメリカとソ連が冷戦下にあり、日本の仮想敵であるソ連に対抗しうる戦車の開発が求められた。ソ連は125mm滑腔砲を搭載した第3世代主力戦車T-64およびT-72戦車をすでに

DATA

採用：1990年 重量：50t 全長：9.8m 全幅：3.4m 全高：2.3m
エンジン：三菱水冷10気筒スーパーチャージド・ディーゼル1500hp
武装：120mm滑腔砲、12.7mm機銃、7.62mm機銃 最大速度：70km/h
乗員：3名

第1章　日本の戦車

非常に高性能の戦車だが、1輌8億円という調達価格の高さから配備はあまり進まなかった。

実用化。これに耐えうる防御力を持った複合装甲装備と120mm級戦車砲の搭載は必須であった。

1980年に開発要求書がまとめられた後、1983年度までに1次試作として主砲、弾薬、自動装填装置の試作が行われた。主砲は、ドイツのラインメタル社製44口径120mm滑腔砲Rh120をライセンス生産するという方針で固まっていたが、日本製鋼所が試作した120mm砲と比較したところ、後者の方が優れていたため、長く議論された。最終的に、コストパフォーマンスの面で優れていたラインメタル社製120mm砲を、当初の予定通りライセンス生産することになった。この主砲議論により、2次試作が大幅に遅れ、制式化が数年遅れたとも言われている。その後、数台の試作車を製造、試験投入を経て1990年に90式戦車として制式化された。こうして10年以上の歳月を経て完成した90式戦車は、当時世界最新鋭の能力を持つ戦車として評価され、日本の戦車開発はようやく世界の技術と肩を並べた。

10式戦車

陸上自衛隊初のC4I搭載戦車

10式戦車は、戦後4代目の主力戦車。陸上自衛隊の最新国産戦車であり、第4世代主力戦車である。これまでの主力戦車同様に、開発は防衛省技術研究本部が行い、試作・生産を三菱重工業が担当。旧式化した車輌が必要であり、完成から10年以上経過した90式戦車を上回る後継車輌が必要だったことで開発に至った。

性能面で最も指摘されたのは、C4Iシステムの導入である。諸外国の第3世代主力戦車を見てみると、アメリカのM1A1やフランスのルクレールがC4I機能を装備しているのに対し、同じ第3世代主力戦車である90式戦車には同様の装

DATA

採用：2010年　重量：44t　全長：9.42m　全幅：3.24m　全高：2.3m　エンジン：三菱水冷8気筒ターボチャージド・ディーゼル　武装：120mm滑腔砲、12.7mm機銃、7.62mm機銃　最大速度：70km/h　乗員：3名

第1章 日本の戦車

現時点で陸上自衛隊最新式の戦車。平成23年から順次部隊配備されている。

備がなかった。そのため、新たに開発する主力戦車には、火力、防護力、機動力の向上とともに、C4Iシステムによる情報共有、指揮統制能力の付加が必須とされた。74式戦車や90式戦車を改修してC4Iシステムを付加する案も挙げられたが、内部スペースが不足していることや、C4Iシステム以外のパワーアップが難しいことで見送られた。また、諸外国の最新鋭戦車の導入も検討されたが、導入してそのまま利用できるC4Iシステムを搭載していないため、結局改修が必要になってしまうことからこちらも見送られた。

主砲には44口径120mm滑腔砲が搭載されているが、90式戦車と同じラインメタル社からライセンス生産されたものではなく、ラインメタル社製のものよりも13%軽く、高威力の新開発された日本製鋼所製の44口径120mm滑腔砲である。

2002年からTK-Xの名称で開発が開始され(部分開発はそれ以前から行われていた)、4輌の試作車を経て、2010年に制式化された。

試作車　初の日本独自開発戦車
試製1号戦車

DATA
完成：1927年　重量：18t　全長：6.03m　全幅：2.4m
全高：2.78m　エンジン：空冷8気筒ガソリン140hp　武装：
57mm砲、機銃×2　最大速度：20km/h　乗員：5名

日本が独自に開発した初めての戦車。この戦車をきっかけに戦車の国産開発が続けられることになった。

第一次世界大戦において初めて戦車が投入されると、日本陸軍も導入検討を始めた。第一次大戦終戦前後に、イギリスからMK.Ⅳ雌型戦車、フランスからルノーFT-17軽戦車とマークAホイペット中戦車を購入。軽、中、重戦車を揃え、日本の戦車研究がスタートした。

当初、戦車を自国で開発するには多大なる年月と予算がかかることもあり、戦車は海外から輸入する方針であった。しかし、国産戦車の研究が進み、輸入する戦車よりも優れた車輌を開発する技術が得られると、試作車1輌の開発計画が認可され、1927年、大阪工廠で日本初の国産戦車、試製1号戦車が完成した。

48

第1章 日本の戦車

試作車　試製１号車を改良した重戦車
試製２号戦車

DATA
完成：1932年　重量：18t　全長：6.3m　全幅：2.47m
全高：2.57m　エンジン：BMW水冷6気筒ガソリン224hp
武装：57mm砲（のちに70mm砲）、機銃×3　最大速度：25km/h　乗員：5名

試製１号戦車を元に製作された機体。のちの九五式重戦車のプロトタイプにもなった。

試製１号戦車の成功を受け、1928年には試製１号戦車を改良した試製２号戦車が開発開始。試製１号戦車の試験結果は概ね良好だったが、予定していた重量よりも2t重くなったことで、最高速度は時速20kmであった。試製２号戦車ではエンジン出力が増したのに加え、同じ重量を維持できたため、最高速度は時速25kmまで向上した。

1928年には試製２号戦車だけでなく八九式軽戦車（のちの八九式中戦車）も同時に開発されることが決定し、機動性の部分は八九式軽戦車に、重戦車としての火力は試製２号戦車に求められた。試製２号戦車は九一式重戦車と呼ばれたが、1輛のみの生産で終わった。

試作車　対戦車戦を念頭に開発された中戦車
四式中戦車　チト

DATA

開発：1944年　重量：30t（全備）　全長：6.34m　全幅：2.87m　全高：.87m　エンジン：空冷12気筒ディーゼル400hp　武装：75mm砲、7.7mm機銃×2　最大速度：45km/h　乗員：5名

終戦までに6輌しか生産されておらず、「幻の戦車」と言われている。

本車は、九七式中戦車の後継中戦車の1つとして1942年に開発開始。一式中戦車や九七式中戦車改は、歩兵支援の延長での火力強化と言えたが、四式中戦車はそれまでの国産中戦車とは一転、対戦車戦闘を念頭に置いた主力戦車として開発された。世界的に大口径の主砲搭載戦車が次々に開発されていたこともあり、四式中戦車の主砲は長砲身47mm戦車砲、長砲身57mm戦車砲、長砲身75mm戦車砲と、開発途上で変遷していった。

また、装甲厚も最大で75mmと、諸外国の中戦車に引けをとらないものであった。主力戦車として期待されて完成した本車であったが、1945年、わずか数輌の生産をもって実戦投入なく終戦を迎えた。

第1章 日本の戦車

試作車　四式中戦車の発展型試作車
五式中戦車　チリ

DATA

開発：1944年　重量：37t　全長：7.3m　全幅：3.05m
全高：3.05m　エンジン：BMW水冷12気筒ディーゼル
550hp　武装：75㎜砲、37㎜砲、7.7㎜機銃×2　最大速度：45km/h　乗員：5名

終戦後、連合軍に接収された五式中戦車。試作車には主砲が搭載されていなかった。

1942年に長砲身57㎜戦車砲を搭載した駆逐戦車の構想があったが、戦車戦に主眼を置いた35t中戦車へと要求が変更。翌1943年より五式中戦車の開発が開始された。陸軍の戦車開発が歩兵支援から戦車戦へと転換されるとともに、中戦車に要求される重量も従来の20tから35tへ、主砲口径は57㎜から75㎜へと引き上げられた。

1945年3月完成予定として開発されていたが、完成直前で終戦を迎えた。結局、試作車1輌が造られただけであった。期待されていた長砲身75㎜戦車砲が先立って四式中戦車に搭載されてしまったことも、本車への需要低下の要因だった。

まだある！自衛隊最強車輌

戦車だけではない、自走砲や装甲車など自衛隊の主力兵器をご紹介。

©自衛隊

87式自走高射機関砲
スカイシューター

採用：1987年　重量：約38t（全備）　全長：7.99m　全幅：3.18m　全高：4.4m　エンジン：空冷10気筒ディーゼル　武装：35mm高射機関砲　速度：約53km/h　乗員：3名

89式装甲戦闘車
ライトタイガー

採用：1989年　重量：約26.5t（全備）　全長：6.8m　全幅：3.2m　全高：2.5m　エンジン：三菱水冷6気筒ディーゼル　武装：35mm機関砲、7.62mm機銃、対舟艇対戦車誘導弾発射装置×2　速度：約70km/h　乗員：10名

52

73式装甲車

採用:1973年　重量:約13.3t(全備)　全長:5.80m　全幅:2.90m　全高:2.21m　エンジン:空冷4気筒ディーゼル　武装:7.62mm機銃　速度:約60km/h　乗員:12名

96式装甲車　クーガー

採用:1996年　重量:約14.5t(全備)　全長:6.84m　全幅:2.48m　全高:1.85m　エンジン:水冷6気筒ディーゼル　武装:40mm自動てき弾銃または12.7mm重機銃　速度:100km/h　乗員:10名

©自衛隊

96式自走120mm迫撃砲
ゴッドハンマー

採用：1996年　重量：23.5t　全長：6.7m　全幅：2.99m
全高：2.95m　エンジン：空冷8気筒ディーゼル　武装：120
mm迫撃砲、12.7mm重機銃　速度：50km/h　乗員：5名

99式自走155mm榴弾砲
ロングノーズ

採用：1999年　重量：40t　全長：11.3m　全幅：3.2m　全高：
4.3m　エンジン：空冷6気筒ディーゼル　武装：155mm榴弾砲、
12.7mm重機銃　速度：49.6km/h　乗員：4名

©自衛隊

203㎜自走榴弾砲 サンダーボルト

採用：― 重量：― 全長：10.7m 全幅：3.15m 全高：3.14m エンジン：ゼネラル・モーターズ水冷8気筒ディーゼル 武装：203㎜榴弾砲 速度：54km/h 乗員：5名

12式地対誘導弾

採用：2012年 重量：700kg（車輌を含まない） 全長：5m 全幅：0.35m 全高：― エンジン：― 武装：― 速度：― 乗員：―

©自衛隊

©自衛隊

多連装ロケットシステム　自走発射機M270 マルス

採用：—　重量：約25t(全備)　全長：約7m　全幅：約3m　全高：約2.6m　エンジン：水冷ディーゼル500hp　武装：ロケット弾　最大速度：約65km/h　乗員：3名

新型戦闘車輌「機動戦闘車」

配備：2016年(予定)　重量：約26t(全備)　全長：8.45m　全幅：2.98m　全高：2.87m　エンジン：水冷4気筒ディーゼル　武装：105mm砲、12.7mm重機銃、7.62mm機銃　乗員：4名

©自衛隊

第2章
ドイツの戦車

第二次世界大戦、敵国を恐怖に陥れたティーガーⅠから、最新戦車レオパルト2まで、ドイツ軍が誇る最強兵器を見ていく。

ドイツ陸軍初の戦車

A7V突撃戦車

第二次世界大戦では戦車大国の印象があるドイツだが、同国が初めて戦車を実戦投入したのはイギリスがソンム会戦中にMk.I戦車を実戦投入した1916年9月から随分と経った第一次世界大戦も末期となる1918年3月のことだった。

かねてよりドイツ国内においてもイギリスが陸上軍艦の計画を進めていることは察知していた。また、陸上装甲巡洋艦の提案などもあったが、陸軍首脳部が戦車に関心を持っていなかった。しかし、前述のソンム会戦におけるイギリスの戦車投入に触発され、1916年11月に戦車開発のためA7V委員会を設立（A7Vは戦車開発を担当す

DATA

採用:1917年 重量:30t 全長:8m 全幅:3.05m 全高:3.23m エンジン:ダイムラー・ベンツ液冷4気筒ガソリン×2 200hp 武装:57mm砲、7.92mm機銃×6 最大速度:12.8km/h 乗員:18名

第2章 ドイツの戦車

戦車を実戦投入したのはイギリスが最初だったが、ドイツも並行して戦車の研究を進めていた。

る戦時省運輸担当第7課の頭文字より）。イギリスやフランスがアメリカのホルト社のトラクターを戦車開発の参考にしていたことを受け、同社のドイツ国内代理人であるヘール・シュタイナーを車輌開発アドバイザーに、ヨセフ・フォルマー技師を設計責任者として開発を開始。ホルトトラクターをベースに大型化とサスペンションの改良により、ドイツ陸軍が要求していた不整地走行能力を満たした。1917年1月には初の試作車が完成。同年9月に最初の車体が完成。翌1918年4月にはイギリス軍のMk.Ⅳ戦車と世界初の戦車戦を行った。

A7V突撃戦車には、装甲車体を取り外し、可倒式の板で荷台を作った輸送型のA7Vという派生型もあった。輸送型に武装は施されていなかった。また、イギリスから捕獲した菱形戦車を参考に、A7V/U突撃戦車を開発。しかし、第一次世界大戦終戦までに完成した車体はなかった。

自動車シャーシを流用して設計
ＬＫⅡ軽戦車

DATA
完成：1918年　重量：8.75t　全長：5.11m　全幅：1.98m
全高：2.49m　エンジン：ダイムラー・ベンツ液冷4気筒ガ
ソリン60hp　武装：57mm砲　最大速度：18km/h　乗員：
3名

©Baku13

ドイツでは生産されなかったものの、のちにスウェーデンに輸出され「Strv m/21」の原型となった。

　Ａ７Ｖ突撃戦車の設計者であるヨセフ・フォルマーが提案したＬＫⅠ軽戦車の後継がＬＫⅡ軽戦車である。両車体ともに、開発・製造コストを抑える目的からダイムラー自動車製の自動車シャーシをそのまま流用して製造。車内のレイアウトは自動車と同じであり、側面には自動車式の乗降用ドアもあった。車体はさすがに装甲板に置き換えられ、越壕能力重視のため前後に細長い見た目となっていた。

　ＬＫⅡ軽戦車は2輌の試作車が生産され、その後580輌の発注を受けたが第一次世界大戦終了までに完成した車輌は1輌もなかった。さらに発展型のＬＫⅢ軽戦車の設計もあったが、こちらは試作車すら完成せずに終戦を迎えた。

第2章 ドイツの戦車

第一次世界大戦後ドイツ初の量産戦車
I号戦車（A型／B型）

DATA
採用：1936年　重量：5.4t　全長：4.02m　全幅：2.06m
全高：1.72m　エンジン：クルップ4気筒ガソリン60hp
武装：7.92mm機銃×2　最大速度：37km/h　乗員：2名
※データはA型

戦車としての戦闘能力は低かったが、再軍備したドイツの軍事力をアピールするために短期間で大量生産された。

第一次大戦に敗れたドイツはヴェルサイユ条約によって新兵器の開発が禁じられていた。しかし、終戦から間もない1921年には秘密裏に戦車試作を開始。当時のドイツの工業界では戦車の量産が困難だったため、小型軽戦車の開発を決定、小型トラクターという秘匿名称で開発が進められた。

開発はクルップ社が請け負い、幾度かの試作車を経て完成。前述のヴェルサイユ条約の件もあり、小型トラクターにI号戦車A型と制式名称が与えられたのは生産が終了してから2年後であった。また、出力不足などの問題を解決するため、小型指揮戦車用に開発されたマイバッハ製エンジンを搭載したI号戦車B型も造られた。

Ⅱ号戦車

訓練用かつⅠ号戦車の補佐として開発

ドイツ陸軍は、Ⅰ号戦車開発後に本格的な主力戦車の開発を進めていた。しかし、実用化に至るまでにはまだまだ時間を要するといった状態であった。しかし、7.92mm機関銃のみを装備したⅠ号戦車ではあまりに非力であり、訓練に使うにしても十分な射撃訓練は不可能であった。そんな状況下で主力戦車が完成するまでのあいだ本格的訓練とⅠ号戦車の補佐ができる車輌の開発が進められることとなる。Ⅰ号戦車の生産が始まって間もないタイミングであったが、1934年、Las100（農業用トラクター100）という秘匿名称でクルップ社、MAN社、ヘンシェル社が

DATA

採用：1935年　重量：8.9t　全長：4.81m　全幅：2.22m　全高：1.99m　エンジン：マイバッハ水冷6気筒ガソリン140hp　武装：20mm砲、7.92mm機銃　最大速度：40km/h　乗員：3名　※データはC型

第2章 ドイツの戦車

訓練車輌として造られたが、Ⅲ号戦車、Ⅳ号戦車の生産が軌道に乗るまでドイツ軍の主力戦車として活躍した。

試作車の開発を開始。結果、MAN社の設計案が採用され、Ⅰ号戦車同様に発注先は分散された。

1937年からⅡ号戦車A型の量産が開始。Ⅱ号戦車は多数のバリエーションが造られた。Ⅱ号戦車A型、B型、C型、F型は標準型と呼ばれ、D型、E型は砲塔こそ同じものの、最高速度時速55kmと高速走行が可能となった騎兵戦車であった(標準型の最高速度は時速40km)。

標準型のなかでA型、B型、C型における大きな違いはなかったが、F型は装甲が強化され、機関砲が新型に換装された。このF型が標準型としては最終型となっており、そこからは発展型として速力向上に主眼を置いたG型、H型、装甲強化に主眼を置いたJ型が開発された。H型と同タイミングで、武装と速力向上に主眼を置いたM型も開発。通称ルクスと呼ばれたL型は、Ⅱ号戦車と名前がついているものの、まったくの別物であった。

新型Ⅱ号戦車シリーズの集大成
Ⅱ号戦車　L型ルクス

©Fat yankey

DATA
生産：1943年　重量：13t　全長：4.63m　全幅：2.48m
全高：2.48m　エンジン：マイバッハ水冷6気筒ガソリン
180hp　武装：20mm砲　最大速度：60km/h　乗員：4名

砲塔やサスペンションが一新されており、もはやⅡ号戦車とは別物といえる偵察戦車となっている。

様々なバリエーションが開発されたⅡ号戦車のなかで、異彩を放つのがⅡ号戦車L型、通称ルクスだ（ルクスは山猫の意）。1939年から開発を開始、車体をMAN社、戦闘室と砲塔をダイムラー・ベンツ社が担当し、1942年に試作車が完成した。

1943年より生産開始、同タイミングでより機動力の高いプーマの実用化があり、100輌で生産が打ち切られたが、標準型以外の新型Ⅱ型戦車で唯一の大量生産であった。

このⅡ号戦車L型はG型の足回りやM型の武装を取り入れるなど、他の新型Ⅱ号戦車シリーズの集大成的な部分があった。

第2章 ドイツの戦車

ドイツ初の本格的主力戦車
III号戦車

DATA
採用：1937年 重量：21.5t 全長：5.52m 全幅：2.95m
全高：2.50m エンジン：マイバッハ水冷12気筒ガソリン300hp 武装：50㎜砲、7.92㎜機銃×2 最大速度：40km/h 乗員：5名 ※データはJ型

1939年のポーランド侵攻の際のIII号戦車。

I号戦車を開発した後のドイツ陸軍が、1934年に主力戦車として開発することを決定したのがIII号戦車。同時期にIV号戦車も開発され、こちらはIII号戦車の支援戦車として構想されていた。完成後のIII号戦車とIV号戦車は第二次世界大戦中期までドイツ陸軍機甲部隊主力として活躍した。

III号戦車には、訓練用戦車や演習で得られた戦訓をもとに、先進的な技術が投入されていた。

しかしながら、III号戦車が搭載していた50㎜砲では諸外国の重戦車に通用しなくなる時代が想像以上に早く到来、改良による対応も限界に達したため、第二次世界大戦末期まで主力であったIV号戦車よりも早く生産が終了しました。

IV号戦車

終戦まで主力であり続けた功労車

ドイツ陸軍が主力戦車として開発していたIII号戦車と同時に開発されたIV号戦車は、III号戦車を火力支援する戦車としての役割を期待されていた。当時はヴェルサイユ条約によりドイツの新兵器開発が禁止されていたため、大隊長車の秘匿名称により開発を開始。ラインメタル社、クルップ社など複数社による試作が行われた結果、クルップ社の試作車をベースにすることが決定。1936年にIV号戦車の制式名称が与えられ、増加試作車が1939年から量産されることになった。IV号戦車はドイツ戦車のなかで最も多く生産された戦車であり、III号戦車が生産中止になった

DATA

採用：1936年 重量：25t 全長：7.02m 全幅：2.88m 全高：2.68m エンジン：マイバッハ水冷12気筒ガソリン300hp 武装：75mm砲、7.92mm機銃×3 最大速度：38km/h 乗員：5名 ※データはH型

第2章　ドイツの戦車

改良を繰り返しながら生産され続け、ドイツ戦車のなかで最も多く生産された戦車となっている。

後、敗戦を迎える最後まで使用され続け、ドイツ陸軍の主力として貢献し続けた。

長期にわたって運用され続けていくなかで、諸外国からは後発の最新鋭戦車も登場。それに対応するべく様々な改良が施され、多数のバリエーションが開発、生産された。増加試作車であったA型から始まり、実にJ型までバリエーションを増やした。最終型となったJ型は実に約3000輌とⅣ号戦車最多の生産量であった。兵装を見てみても、当初の装備は短砲身24口径75㎜砲であったが、装甲の厚い戦車が増えてくると、それに対抗する火力を得るために、1941年には長砲身43口径50㎜砲が搭載された。F型の生産途中からは長砲身43口径75㎜砲を搭載、この頃から主力戦車であったⅢ号戦車に代わる、新たな主力戦車としての役割を担うようになった。Ⅲ号戦車に比べ主力であり続けられたのは、ターレットリングの直径が大きかったことにより、様々な改良、武装強化への対応が可能であったからだろう。

Ⅳ号駆逐戦車

Ⅲ号突撃砲に代わる戦力として期待された

©Banznerfahrer

　Ⅳ号戦車の車台をベースに造られたⅣ号駆逐戦車。駆逐戦車と同じく、旋回砲塔を廃し、固定式戦闘室に変更したものに突撃砲があるが、Ⅲ号戦車をベースにしたⅢ号突撃砲が1万輛以上生産されたことからもわかるように、ドイツ軍は固定式戦闘室を有した戦車の戦闘力を高く評価していた（旋回砲塔がないことで、敵戦車に包囲された際の対応力が低いことは認識していた）。1943年7月～8月に起こったドイツ、ソ連、両軍合わせて6000輛にも及ぶ史上最大の戦車戦であるクルスクの戦いからも、ヒトラー総統は突撃砲の有用性に確信を得ていた。そんな時流のなか、Ⅳ

DATA

採用：1944年　重量：24t　全長：6.96m　全幅：3.17m　全高：1.96m　エンジン：マイバッハ水冷12気筒ガソリン300hp　武装：75㎜砲　最大速度：40km/h　乗員：4名　※データはF型

第2章 ドイツの戦車

強力な Pak42 を搭載できるように設計されており、火力性能では同じ砲を搭載するパンターと同等だった。

号戦車を生産していたフォマーク社に、Ⅳ号駆逐戦車の開発が命じられた。1944年にはⅣ号戦車H型、J型の車台を利用した量産型の生産が開始され、1年弱の間に約800輌が生産された。

1944年途中からは、Ⅳ号戦車J型を車台に、長砲身である75mm Pak 42 L/70を搭載した発展型のⅣ号戦車ラングを完成させた。のちにⅣ号戦車／70（V）と名づけられた。名称内のVは、生産したフォマーク社の頭文字である。当初はⅣ号戦車と同時に生産されていたが、1944年末には、こちらのⅣ号戦車／70（V）のみが生産されるようになっていた。また、長砲身型にはアルケット社が生産したⅣ号戦車／70（A）も存在した。こちらはⅣ号戦車J型の車台をそのまま使用し、その上に戦闘室を載せた形状をしていた。そのため、Ⅳ号戦車／70（V）よりも車高が高いなどの特徴が見られた。

長砲身の派生型も含めると、Ⅳ号戦車は終戦までに約2000輌が生産された。

外国戦車を改造した小さな狩人

38(t)駆逐戦車 ヘッツァー

第二次世界大戦勃発直前、ドイツは隣国チェコスロバキアを併合した際に、同国が開発したばかりのLTvz38軽戦車を、自軍に38t軽戦車として採用した。4年後の1943年、ドイツ軍は、38t軽戦車に目をつけ、75mm対戦車砲Pak39を搭載して、突撃砲として改造することを決定した。同車は年内に設計を終え、翌年4月から生産を開始した。新たに駆逐戦車ヘッツァーと命名されている。なお、ヘッツァーとは、狩りで獲物を狩人の前に追い立てる役目を意味する。

13tの38t軽戦車から砲塔を取り外し、低い四角状の台を取り付け、次に車体の前面に角のよ

DATA

採用：1944年　重量：15.75t
全長：6.27m　全幅：2.63m
全高：2.17m　エンジン：プラガ水冷6気筒ガソリン　武装：75mm砲、7.92mm機銃　最大速度：42km/h　乗員：4名

第2章 ドイツの戦車

第二次大戦後もチェコスロバキアなどでは使用されており、スイスでは「G-13」の名称で制式化されていた。

75mm砲の砲身を取り付けた形状である。車体上部には戦闘室が設けられ、車長、操縦手、砲手、装填の4人が搭乗する。エンジンは、プラガAE 4ストローク直列6気筒液冷ガソリンを搭載し、出力160馬力で時速42km、航続距離160kmの性能を発揮した。装甲は8～60mmといささか頼りないが、砲弾直撃の威力を軽減させる傾斜処置が施された。

ヘッツァーは1944年7月から実戦に参加した。当時、ドイツ軍は各戦線で敗退を繰り返していたが、本車は防御戦や退却戦、時には待ち伏せ攻撃で効果をあげた。他にポーランドやチェコスロバキアで勃発した反乱の鎮圧に投入されたことが確認されている。もっとも戦闘室内は狭い、視界が悪いと現場の声はあまりよくなかった。

本車は生産しやすく、終戦までに2584輌が完成した。一部はスイスやもとの持ち主であるチェコスロバキアにおいて、戦後も使用されている。

急遽登場したドイツ主力戦車
V号戦車パンター

DATA
採用：1942年　重量：45.5t　全長：8.86m　全幅：3.4m
全高：2.98m　エンジン：マイバッハ水冷12気筒ガソリン700hp　武装：75mm砲、7.92mm機銃×2　最大速度：55km/h　乗員：5名　※データはG型

傾斜装甲を採用しており、それまでのドイツ戦車とは異なったフォルムを持つパンター。

ドイツ軍の戦車は、ソ連軍T-34戦車に苦戦を余儀なくされた。そのため急遽、技術陣はT-34を研究してその利点を取り入れたV号戦車パンターを完成させた。パンターは長砲身の75mm砲や敵砲弾の威力を軽減させる傾斜装甲を採用。エンジンは700馬力で、時速55kmでIV号戦車を上回っている。

初陣は1943年7月のクルスク戦である。量産されたD型200輌が参戦したが、故障が相次いだ。その後、改良されたA型、G型が登場した。各戦線でパンター本来の威力を発揮し、以後、ドイツ軍主力戦車として生産が続けられた。パンターの生産総数は6000輌近くになる。

第2章 ドイツの戦車

登場が遅かった戦場の狩人戦車
V号駆逐戦車 ヤークトパンター

DATA
生産：1944年　重量：45.5t　全長：9.87m　全幅：3.27m　全高：2.72m　エンジン：マイバッハ水冷12気筒ガソリン700hp　武装：88mm砲、7.92mm機銃　最大速度：46km/h　乗員：5名

火力・防御力・機動力のバランスがよく、ドイツの重駆逐戦車のなかでも評価が高いヤークトパンター。

ドイツ軍は戦車以外に、自走砲、突撃砲、駆逐戦車と多くの戦闘車輌を開発した。ヤークトパンターはその1つだが、開発はパンター戦車が実用化される前、1942年8月からスタートした。

本車は、V号戦車パンターの車体に71口径88mm砲を装備したが、車台砲塔と一体化したデザインである。装甲は傾斜している上に、厚さ最大100mm。連合軍戦車の砲では、貫通が困難を極めた。

同戦車は、ノルマンディーの戦いで初陣を飾った。以後、各地で多くの敵戦車を撃破したが、生産が進まない上に、燃料不足や故障で失われた車体が多かった。

ちなみに「ヤークト」は、ドイツ語で狩りを指す。

73

ティーガーI

ドイツ軍戦車の代名詞である虎戦車

1942年、ドイツ軍は敵の防衛線を撃ち破る重戦車として、Ⅵ号戦車ティーガーIを完成させた。同車を開発したヘンツェル社は、VK36・01（H）、ポルシェ社はVK45・01（H）の戦車案を提出し、両社が競い合った結果VK36・01（H）が採用されたのである。だが、VK36・01（H）の戦車砲は特殊金属タングステンを使用するため、生産性を鑑みて、ポルシェ社の砲塔を搭載した。マイバッハHL210P45水冷12気筒ガソリンエンジンは、600馬力の出力を発揮した。戦車砲は88mm高射砲を改造したもので、T34やM4を一撃で撃破した。主要部分の装甲は80〜110mm

DATA

採用：1942年　重量：57t　全長：8.45m　全幅：3.7m　全高：2.93m　エンジン：マイバッハ水冷12気筒ガソリン600hp
武装：88mm砲、7.92mm機銃×3
最大速度：38km/h　乗員：5名

第2章　ドイツの戦車

従来のドイツ戦車と同じく装甲板をほぼ垂直に組み合わせた箱型の車体を持っていた。

と強固である。生産台数は、1944年8月までで合計1354輌に上る。

ティーガーIは、1942年8月にレニングラードの戦いで初陣を飾った。以後、北アフリカ、クルスク、イタリア、ウクライナ、ノルマンディーなど主要な激戦に投入され、強力な戦闘力を発揮した。数で勝る連合軍戦車を撃退したビットマン、カリウスらティーガーIで戦ったエースの活躍は、現在も語り継がれている。

だがティーガーIの強力な武装と防御は、同時に重量を増加させてしまい、機動力の低下に繋がった。ティーガーIの最高時速は38kmとIV号戦車に比べ低速である。他にも燃料のガソリン消費が大きいなどの欠点があったことも否めない。連合軍は優勢に転じたが、ティーガーIを恐れていた。対抗する新戦車の開発を急いだため、M26やセンチュリオンなど、戦後に活躍する戦車の登場を促進することになった。

エレファント

戦場で次々に斃(たお)れた鉄の巨象

フォルクスワーゲンなどで知られる自動車のポルシェ社。その優れた設計者で社長でもあるフェルディナント・ポルシェ博士はヒトラー総統に気に入られ、戦車開発にも関わった。

先に新戦車ティーガーIの採用で、ヘンシェル社と競って敗けたが、先行量産が予定されていた90輌の車台は、71口径88mm対戦車砲のPaK43を搭載した砲塔を取り付け、駆逐戦車として採用された。砲弾は最大50発搭載可能。1943年、設計した博士の名前を取って、フェルディナント戦車と命名される。

正面装甲は最大200mmと分厚いことが特徴で

DATA

採用:1942年 重量:65t 全長:8.14m 全幅:3.38m 全高:2.97m エンジン:マイバッハ水冷12気筒ガソリン×2 600hp 武装:88mm砲、7.92mm機銃 最大速度:30km/h 乗員:6名

©Scott Dunham

第2章 ドイツの戦車

アバディーン戦車博物館に展示されているエレファント。

あるが、重量が重くなってしまい、最高速度は時速30㎞と低速である。加えて近接戦闘用の機銃を装備していないため、前線では歩兵が随伴する必要がある。

フェルディナントは、第653、第654重戦車大隊に集中配備され、1943年7月のクルスク戦に参戦した。対戦車戦では活躍したが、ソ連軍が深く張り巡らせた防衛線を突破できず、少なからぬ損害を出してしまう。なお、エレファント戦車は、クルスク戦において機銃を装備していない盲点を突かれ、ソ連軍歩兵の対戦車攻撃で大損害を出したと伝えられてきたが、誤りらしい。

残った車輌は、クルスク戦のあと、本国で車体前面に機銃を装備されるなど、改造を施された。同時期、車名をエレファント（象）と改名した。勇猛果敢な象戦車は、再びウクライナ、イタリアなどの防衛戦に投入された。車輌は相次ぐ激戦で次々に失われたが、終戦近くまで戦い続けたことが記録されている。

王虎たるドイツ最後の重戦車

ティーガーII

ティーガーIの後継戦車で、強力になる連合軍戦車との戦闘を想定した。1943年11月に試作車が完成、翌年1月から生産に入った。正式名称はティーガーIIだが、ケーニッヒス・ティーガー(王虎)とも称される。

装甲は、砲塔部で最大180mm、車体前面で100mmの上に傾斜装甲を採用し、ティーガーIを上回った。戦車砲は88mm砲だが、威力の向上した71口径長砲身に換装され、2000m離れた敵戦車の装甲を貫通する威力を有した。

最初はポルシェ社の砲塔を搭載していたが、前面に命中した砲弾が跳ね返った際に薄い箇所を直

DATA

採用：1943年 重量：69.8t 全長：10.3m 全幅：3.76m 全高：3.08m エンジン：マイバッハ水冷12気筒ガソリン700hp 武装：88mm砲、7.92mm機銃×2 最大速度：35km/h 乗員：5名 ※データはヘンシェル砲塔型

第2章　ドイツの戦車

ドイツ軍最後にして最強の重戦車。形状としてはパンターに似て傾斜装甲が多用されている。

撃することが判明したため、ヘンツェル社の砲塔に交換している。ティーガーIを凌ぐ攻撃力、防御力を誇っている。重量は70tに達したため、本車も機動性に乏しく、履帯やエンジンも故障しやすかった。軌道部分を構成する転輪の数を増やし、2列に互い違いに配置して重量を分散しようと図ったが、その分整備に時間がかかることになった。ティーガーIIはもう少し早く実用化できたが、部品を新しいパンター戦車とも共用させようとしたため、生産が遅延した。

実戦参加は、ノルマンディーからで、以後、アルデンヌの戦いなど、大戦末期の戦闘で活躍した。しかし戦況は絶望的で、制空権を連合軍に握られ、燃料も不足しがちであった。軍首脳陣の誤った作戦指導も、威力を発揮できなかった原因の1つに数えられる。戦争が長引けばアメリカのM26、ソ連のIS3と戦っていたはずである。

生産数は、空襲で工場が被害を受けたことから合計489輌で終わった。

ティーガーシリーズの最終型
ヤークトティーガー

DATA
生産：1944年　重量：70t　全長：10.65m　全幅：3.63m
全高：2.95m　エンジン：マイバッハ水冷12気筒ガソリン700hp　武装：128mm砲、7.92mm機銃　最大速度：38km/h　乗員：6名

当時としては最高レベルの攻撃力と防御力を誇ったヤークトティーガー。

© Fat yankey

　ティーガーⅡの車台に128mm砲を搭載した。ティーガー戦車の最終型である。
　砲搭載にあたって、砲塔に大型戦闘室を設けた。砲弾は最大40発搭載可能。最大有効射程距離は3500mで、連合軍戦車へ一方的に攻撃を加えられた。装甲は、車体前面部は150mm、砲塔部は最大250mmの厚さを有した。しかし70tに達した重量は、機動力を著しく低下させた。
　ヤークトティーガーは、1944年7月から77輌完成した。同車は、第512、第653重駆逐戦車大隊に配備され、アルデンヌの戦いを経て、終戦まで戦い続けた。なおドイツ軍は、次の重戦車E75の開発も進めていた。

第2章 ドイツの戦車

ドイツ戦車復活の尖兵
ヤークトパンツァー・カノーネ

DATA
採用：1965年 重量：27.5t 全長：8.75m 全幅：2.98m 全高：2.1m エンジン：水冷8気筒ディーゼル500hp 武装：90mm砲、7.62mm機銃×2 最大速度：70km/h 乗員：4名

ドイツ駆逐戦車の流れを汲んで造られたヤークトパンツァー・カノーネ。

第二次世界大戦の結果、ドイツは東西に分割された。うち西ドイツは1955年に再軍備を許され、新戦車開発を再開した。手始めに、スイスの兵員輸送車HS30をもとに駆逐戦車ヤークトパンツァー・カノーネを完成。

本車は、前部に密閉型の戦闘室と90mm戦車砲を搭載した。車台上部から砲身を突き出す、甲虫のようなフォルムが特徴である。

ヤークトパンツァーは、1965年に制式化、KJZP4-5と呼称される。生産台数は750輌で、ヘンツェル社とハノマーク社の折半で造られた。本車は80年代まで第一線にあり、砲に替わってTOW対戦車ミサイルを搭載した型も造られている。

新生ドイツ軍主力戦車の誕生

レオパルト1

1960年代、西側諸国はチーフテン、M60、AMX30など第2世代戦車を続々と就役させ、これにレオパルトも含まれる。後継戦車2が登場したため、レオパルト1とも呼称される。

冷戦下の1956年、再軍備を進める西ドイツは、主力戦車の開発に乗り出した。いくつかの案が提案され、一時、フランスやイタリアとの共同開発も進められたが、ポルシェ社からの案が採用された。1962年に試作車が完成。3年後、レオパルト（豹）戦車は制式化され、生産車第1号が誕生した。旧ドイツ戦車のラインを引き継いだが車高が低く、丸みを帯びた形状を有する。

DATA

採用：1963年　重量：42.4t　全長：9.53m　全幅：3.41m　全高：2.76m　エンジン：MTU水冷10気筒多燃料ディーゼル830hp　武装：105mmライフル砲、7.62mm機銃×2　最大速度：65km/h　乗員：4名
※データはA4型

第2章 ドイツの戦車

ドイツの戦車開発技術を世界に知らしめた戦後初の主力戦車レオパルト1。

重量は、ティーガーI戦車で65tであったが、レオパルトは42tに抑えている。レオパルトは機動性を重視したため、装甲は旧ドイツ軍重戦車に比べ薄かったらしい。エンジンは出力830馬力の水冷V式10気筒ディーゼルを搭載した。最高速度は65km、航続距離は最大600km。戦車砲は、イギリス製L7A1 105mm砲を採用した。

生産は1976年まで続けられ、合計2437輌が完成した。生産の途中からは、鋳物の砲塔から溶接砲塔への換装、トランスミッションの自動化や弾道コンピューターの導入などの改良を施した。

ドイツ連邦軍においては、21世紀初頭まで使われた。さらにヨーロッパ各国をはじめ、カナダ、オーストラリアなどにも輸出された。

またレオパルトからは、対空戦車ゲパルトや架橋戦車ビーバー、戦車回収車、工兵戦車、訓練戦車などの支援車輌も生まれている。

ドイツ国産優秀戦車の二番手
レオパルト2

DATA
採用：1977年　重量：55.15t　全長：9.67m　全幅：3.7m
全高：2.48m　エンジン：MTU水冷12気筒ターボチャージド・ディーゼル1500hp　武装：120㎜滑腔砲、7.62㎜機銃×2
最大速度：72km/h　乗員：4名　※データはA4型

©Bundeswehr-Fotos

世界各国で採用され、様々なバリエーションを持つレオパルト2。

　レオパルト2は、第3世代戦車に属する。試作車完成から40年を超えたが、現在もドイツ連邦軍主力戦車で活動中だ。各国に大量に輸出された人気戦車でもある。
　西ドイツは、1972年にレオパルトの後継で本車を完成させた。7年後に、生産へ踏み切った。
　基本構造は先代レオパルト1を継承しつつも、武装と防御は、ソ連の新戦車に対抗するため強化した。戦車砲はラインメタル社製の120㎜滑腔砲を、装甲は新技術の複合装甲を導入した。エンジンは、水冷V式12気筒ディーゼルを装備し、出力は1500馬力にアップされ、時速72kmなど高い機動性を発揮した。また意外に操縦がしやすいという。

84

第2章 ドイツの戦車

試作車　目立たなかったドイツ製多砲塔戦車
ノイバウフォールツォイク

DATA
完成：1934年　重量：23.4t　全長：6.6m　全幅：2.19m
全高：2.98m　エンジン：BMW水冷12気筒ガソリン
250hp　武装：75㎜砲、37㎜砲、7.92㎜機銃×3　最大速
度：30km/h　乗員：6名

多砲塔型で一見すると強そうだが、実戦ではほとんど役に立たなかった。

　第二次世界大戦前、ソ連やフランスは多砲塔戦車を開発した。ドイツは同じく研究を進め、1934年に試作車を完成させた。名前の意味は新式車輌。車体製造はラインメタル社、砲はクルップ社が請け負った。

　75㎜戦車砲と37㎜砲各1門を左右に並べる格好で備えていた。この後、ドイツ戦車は機動力を重視したため、本車は時代遅れになったが、少数生産され、大戦初期のノルウェーやソ連での戦闘に参加した。だが装甲が薄く、また低速で故障しやすかったため、たちまち撃破された。

　残った車輌は、後方でのプロパガンダに使用され、演説台の代わりとしても使われた。

85

試作車　現在も残っている伝説の戦車
超重戦車　マウス

ソ連軍によって接収されたマウスは現在クビンカ戦車博物館にて展示されている。

DATA
完成：1944年　重量：188t　全長：10.09m　全幅：3.67m
全高：3.63m　エンジン：ダイムラー・ベンツ水冷12気筒ガソリン1080hp　武装：128㎜砲、75㎜砲、7.92㎜機銃　最大速度：20km/h　乗員：6名　※データは試作1号車

　ヒトラー総統は、ソ連の重戦車に対抗するため、フェルディナント・ポルシェ博士の設計で超重戦車を開発した。意外にもマウス（ネズミ）と名づけられた。

　重量188tの巨体は、ディーゼルエンジンで発生させた電力で電動モーターを駆動し、その回転を駆動輪に伝達するハイブリッドを採用した。武装は128㎜砲に、副砲75㎜砲を追加し、戦車より移動砲台の観がある。最大時速20km、航続距離190km、重量から橋を渡るのは困難であると防水処理と渡河機能を施した。

　マウスは戦況の悪化から、2輛試作したところで中止。敗戦でソ連軍が接収し、現在もロシアの軍事博物館に展示されている。

86

第2章 ドイツの戦車

試作車　完成を見なかった超重戦車
E100

DATA
開発：1944年　重量：140t　全長：10.27m　全幅：4.48m
全高：3.29m　エンジン：マイバッハ水冷12気筒ガソリン
800hp　武装：150mm砲、75mm砲、7.92mm機銃　最大速
度：40km/h　乗員：6名

E-100は第二次世界大戦中にドイツ軍が進めた戦車規格統一プロジェクト「Eシリーズ」の中で誕生した戦車である。

1943年、超重戦車E100の開発が、アドラー社で開始された。試作車はHL234V型12気筒水冷ガソリンエンジンとメキドロ機械流体変速器を一体化し、エンジンとサスペンションを統合した共通パワーパックシステムを採用し、最大時速40kmを予定した。

しかしパワーパックシステムの開発が難航し、技術陣は、マイバッハ社製のティーガーⅡ用エンジン並びに同社のオルファー変速器を代用した。また武装は128mm戦車砲を予定したが、150mm砲や174mm砲も検討された。

結局、E100は、おおよそ車台が完成したところで終戦を迎えた。連合軍に接収されたが、走行試験の結果は芳しくなかった。

Ⅰ号指揮戦車 (Sd Kfz265)

ドイツのⅠ号戦車をもとに、司令部専用の指揮戦車として製作された。しかし性能に問題が生じたため、6輌のみの製造にとどまった

採用：—　重量：5.9t　全長：4.42m　全幅：2.06m
全高：1.99m　エンジン：—　武装：7.92mm機銃
最大速度：40km/h　乗員：3名

まだある！ドイツの戦車

歴史にその名を刻んだ試作車・改良型・名車を紹介。

TH-301

西ドイツが開発したアルゼンチンの主力戦車TAM戦車の改良型。第4試作車のことをTH-301と名称変更した。最終的に採用には至らなかった。

開発：1974年　重量：31.6t　全長：8.17m　全幅：3.31m
全高：2.44m　エンジン：MTU6気筒スーパーチャージド・ディーゼル　武装：105mmライフル砲、7.62mm機銃×2　最大速度：76km/h　乗員：4名

新指揮強化型Ⅰ号戦車 (VK1801)

Ⅰ号戦車の名前がつけられているものの、新規で開発された別車である。重量が重かったにもかかわらず武装は非力で30輌が完成した時点で中止となった。

製作：1940年　重量：18t　全長：4.38m　全幅：2.64m
全高：2.05m　エンジン：—　武装：7.92機銃×2
最大速度：25km/h　乗員：2名

LK.Ⅰ軽戦車

設計はA7V突撃戦車のヨセフ・フォルマー技師が手がけた。1918年に試作車が製造されたが、ドイツ軍から改良が求められたため試作のみとなった。

製造：1918年　重量：6.89t　全長：5.49m　全幅：2.01m
全高：2.49m　エンジン：ダイムラー液冷ガソリン60hp　武装：7.92mm重機銃　最大速度：12km/h　乗員：3名

第3章
アメリカの戦車

第二次大戦で活躍したM4シャーマンから、世界最強を誇るM1エイブラムスまで、軍事大国アメリカの最強陸軍兵器を紹介する。

フランスから輸入・改良した戦車
6t戦車 M1917

DATA
採用：1918年　重量：7.25t　全長：5m　全幅：1.79m
全高：2.31m　エンジン：ブーダ水冷4気筒ガソリン42hp
武装：37mm砲または7.62mm機銃　最大速度：8.84km/h
乗員：2名

フランス製のルノーFT-17をライセンス生産したもので、アメリカで初めて量産された戦車。

M1917はフランス・ルノー社のFT-17軽戦車を改良し、生産された戦車である。FT-17軽戦車の防盾は、砲身は左側から突き出し、鋼鉄製の遊動輪が使用され、砲塔は丸型。対して、M1917戦車の防盾では右側に寄り、鋼鉄の縁がついた木製。砲塔下の正面装甲も、操縦手の外部確認用スリットが追加、砲塔はすべて角型であった。内部の構造にも改良が加えられ、エンジンは42馬力のブーダ社製直列4気筒水冷エンジンに交換され、エンジン室と乗員区画を遮る隔壁が追加されている。M1917戦車は実戦には使用されず、運用していた戦車隊も1920年6月に解散している。

第3章 アメリカの戦車

自動車メーカーによる独自設計の戦車
フォード3t戦車　M1918

DATA
採用:1918年　重量:3.1t　全長:4.17m　全幅:1.68m
全高:1.6m　エンジン:フォード4気筒×2　45hp　武装:
7.62mm機銃　最大速度:13km/h　乗員:2名

当時すでに世界的自動車メーカーとなっていたフォード社がベンチャー開発した戦車。

第一次世界大戦当時は世界トップクラスの自動車メーカーとなっていたフォードが独自に設計開発した突撃砲型の戦車で、当初戦車として設計されていたが、機関銃弾薬運搬車に変更されている。地を這うようなスタイルは野砲による反撃の目標になりにくいと期待されていた。

1918年に試作車1輛がフランスに送られ、アメリカ陸軍戦車団に条件付きで採用されたものの、生産初期の段階で第一次世界大戦が終結し、大量生産の発注は取り消しとなっている。自動車メーカーらしく、大量生産していた自動車の部品が流用され、エンジンも貨物トラック用のものであった。

騎兵利用戦車として開発された
M1戦闘車

後に区分が変更されて「M1A2軽戦車」という名前になっている。

DATA
採用：1936年　重量：8.52t　全長：4.14m　全幅：2.39m　全高：2.26m　エンジン：コンチネンタル7気筒ガソリン　武装：12.7㎜機銃、7.62㎜機銃×2　最大速度：72.4km/h　乗員：4名　※データはM1戦闘車

アメリカ陸軍は、1920年に発布された国家防衛法により歩兵部隊のみが戦車の装備を認められていたため、騎兵部隊向けの戦車には「戦闘車」(Combat Car) という呼称が与えられた。

追跡や追撃や偵察任務のために、武装や装甲よりも軽量さと速度が重視された設計となっている。

1930年代にロックアイランド工廠がいくつもの戦闘車を開発。このM1戦闘車は歩兵部隊のT2軽戦車を母体として開発されたT5戦闘車から発展したものである。1937年から軍に導入され、1943年まで使用された。騎兵科用に「戦闘車」という分類が設けられたが、実質的には戦車であった。

92

第3章 アメリカの戦車

大半が訓練車として使用された
M2軽戦車

DATA
採用：1935年　重量：11.6t　全長：4.43m　全幅：2.47m
全高：2.64m　エンジン：コンチネンタル空冷7気筒ガソリン250hp　武装：37㎜砲、7.62㎜機銃×5　最大速度：58km/h　乗員：4名　※データはM2A4

双砲塔型と単砲塔型のバリエーションがある。写真は双砲塔型のM2A3。

1935年末に、アメリカ陸軍の歩兵科用戦車として開発。試作車のT2E1軽戦車が制式化され、M2A1軽戦車となった。

M2軽戦車シリーズはA1〜A3までは武装が機関銃のみで戦力的価値が低かったため、アメリカ陸軍に配備されたM2軽戦車は、大半が訓練に使用された。少数のM2A4だけが、太平洋戦争中にガダルカナル島の戦いで海兵隊により実戦使用され、その後も1942年中は太平洋戦線の一部に配備された。37㎜戦車砲を装備するM2A4軽戦車の一部は太平洋戦争の初期に実戦投入されている。また本車はレンドリース法成立に伴い、初めてイギリスに供与された。

M2中戦車

量産された初の制式中戦車

アメリカ陸軍は1918年に初の国産中戦車であるM1921中戦車の開発を開始して以来、1920～1930年代にかけて各種中戦車の試作を継続して行ってきたが、1938年に完成したT5中戦車においてその基本形が確立した。

1939年にR-975星形空冷エンジン（350馬力）を搭載し履帯の幅を増したT5中戦車フェーズⅢが、M2中戦車として制式化され、大型化された砲塔とより強力なエンジンを搭載した改良型M2A1の仕様が承認された。

M2中戦車は、M2軽戦車の部品を多用することが要求されたため、それまでの試作中戦車で

DATA

採用：1939年　重量：18.7t　全長：5.39m　全幅：2.62m　全高：2.85m　エンジン：ライト空冷9気筒ガソリン　武装：37㎜砲、7.62㎜機銃×8　最大速度：42km/h　乗員：6名　※データはM2A1

第3章　アメリカの戦車

写真はM2A1。装甲が強化されたほか砲塔が大型化されている。

採用されていたクリスティー式サスペンションを用いず、VVSS方式が採用され、機構的には後退した感があった。

アメリカ政府は、当時のヨーロッパでの戦局を鑑み1940年にM2A1中戦車1000輌を大量発注したが、ヨーロッパでの戦訓から、M2の主砲火力の不足が明らかになり、最終的に94輌のみが生産された。

M2はヨーロッパの最新戦車と比較して貧弱であり、部隊配備された時点ですでに旧式化していた。また、より有力な戦車であるM3中戦車やM4中戦車が配備されるまでの当座しのぎとされたため、M2とM2A1は訓練にのみ使用され、この戦車が海外での戦闘に使われることはなかった。

多数の機関銃を装備したM2は、塹壕突破型の古い設計思想の戦車であり、砲の威力も不足しており、第二次世界大戦の戦場には適合しなかった。

マーモン・ヘリントンCTL

アラスカやインドに配備された豆戦車

中国とオランダ領西インド諸島向けに1941年にアメリカのトラック製造会社マーモン・ヘリントンで開発、製造された。縦置きボリュート・スプリング式サスペンションを装着したCTL戦車の改良型である。CTLSは乗員が2名で、左右並列に並んで配置され、車体前面装甲板のボールマウントに機関銃3挺を装備し、小型の全周旋回式砲塔に機関銃1挺を装備した。
CTLSは2種類が製造され、CTLS-4TAC（T14）は操縦手が左側に位置し、砲塔は右側に設けられ、CTLS-4TAY（T16）はその反対の配置であった。

DATA

採用：1942年　重量：8.4t　全長：3.51m　全幅：2.08m　全高：2.11m　エンジン：ハーキュリーズ水冷6気筒ガソリン124hp　武装：7.62㎜機銃×3　最大速度：48km/h　乗員：2名　※データはCTLS-4TAC

第3章 アメリカの戦車

前方の車輌がCTLS-4TAC、後方はCTLS-4TAY。

また操縦手用に装甲ハッチが装備されていた。アメリカ陸軍では砲塔の位置の違いにより、T14とT16という型式名称を与えて識別していた。足回りの構造はM2軽戦車の物を流用していた。

1942年に少数がオランダ領東インドに到着し配備されたが、日本軍に鹵獲されて日本軍によって現地で運用され、残りの生産分はオーストラリアに訓練用戦車として配備された。

また、輸出先である中国が日本に占領されると生産車輌の受領を中国が拒否したため、アメリカ陸軍が240輌を引き受け、アラスカに配備した。しかし、より強力な戦車がアメリカ陸軍に配備されるようになると、その貧弱な武装と装甲から、アメリカ兵に軽蔑され、T6軽戦車として制式化。戦車兵の訓練用となった。オランダ陸軍からは、ハーキュリーズ・エンジンの高い信頼性から評価は高かった。なお、CTLSは440輌ほど製造されている。

軽戦車シリーズの集大成
M3軽戦車 スチュアートⅠ

DATA
採用：1940年 重量：12.7t 全長：4.53m 全幅：2.24m 全高：2.64m エンジン：コンチネンタル空冷7気筒ガソリン262hp 武装：37㎜砲、7.62㎜機銃×5 最大速度：58km/h 乗員：4名 ※データはM3

愛称の「スチュアート」はイギリス軍がつけたもので、南北戦争時の将軍ジェームズ・E・B・スチュアートにちなんでいる。

M2A4軽戦車の発展型が、このM3軽戦車シリーズである。その最大の変化は装甲の強化で、車体前面の装甲厚が1インチ（25・4㎜）から1・5インチ（38・1㎜）に増強している。イギリス軍にも供与され、南北戦争で南軍騎兵師団を率いたJ・E・B・スチュアート将軍にちなんで「ジェネラル・スチュアート」と命名された。

太平洋戦争では開戦時にフィリピンに第192戦車大隊（M3軽戦車54輌）、第194戦車大隊（同53輌）が配備されており、日米初の戦車戦となったが、当時の日本軍は戦車開発において列強から取り残されつつあり、M3軽戦車の威力に驚いている。

第3章 アメリカの戦車

イギリス軍の巡航戦車として活躍
M3中戦車

DATA
採用：1941年　重量：27.9t　全長：5.64m　全幅：2.71m
全高：3.12m　エンジン：ライト空冷9気筒ガソリン400hp
武装：75mm砲、37mm砲、7.62mm機銃×3　最大速度：39km/h　乗員：6名　※データはM3

イギリス軍向けの車輌は「グラント」、アメリカ軍向けの車輌は「リー」の愛称がつけられている。どちらも由来は南北戦争の将軍からきている。

M3中戦車の主砲には75mm戦車砲M2が採用され、戦闘室前部右側のスポンソン（張り出し砲座）に収められた。これは旧式野砲を車載用に改造したもので、対戦車戦闘よりも敵の対戦車砲や機関銃陣地、非装甲部隊を榴弾で制圧する用途に適していた。

M3中戦車の後期生産車では、M4中戦車の初期生産車にも採用された長砲身タイプの75mm戦車砲M3が搭載され、対戦車戦闘にも使用できるようになった。

またオーストラリア軍に回され、太平洋の戦場で使用。その後もイギリス軍に残った車輌はビルマ戦線での反攻に投入され、まともな対戦車火器を持たない日本軍相手に威力を発揮した。

M4中戦車 シャーマン

戦車砲を装備する暫定的な新型中戦車

本格的中戦車登場までの繋ぎとして開発されたM3中戦車は1941年から量産態勢に入った。そこで開発作業の終わったロックアイランド陸軍兵器工廠は米陸軍機甲委員会に対して本格的中戦車の開発案をいくつか示し、新たな開発作業に乗り出した。車体下部はM3中戦車と共通のものとし、車体上部に新規開発した75mm砲装備の全周旋回砲塔を搭載するという開発案が選定され、T6という試作車輌の名称が付与された。最優先事項として直ちに開発が開始され実物大模型が完成、多少の修正事項はあったが試作1号車ができあがった。

DATA

採用:1941年 重量:30.3t 全長:5.89m 全幅:2.61m 全高:2.74m エンジン:ライト空冷9気筒ガソリン400hp 武装:75mm砲、12.7mm機銃、7.62mm機銃×2 最大速度:38.6km/h 乗員:5名 ※データはM4 75mm砲搭載型

第3章 アメリカの戦車

1945年5月の対独戦終了までにシリーズ合わせて4万9234輛が生産されており、連合軍の勝利に大きく貢献した。

同年にM4中戦車として制式採用され、大幅な機甲師団増設のため月産2000輛を目標にして大量生産が開始されたが、10社11工場に分散しての製造であり、微妙な差が発生したため、M4～M4A6までの型式として定められた。また装備する主砲も初期の37・5口径75mm戦車砲M3、後期の52口径76・2mm戦車砲M1、そして火力支援用の22・5口径105mm榴弾砲M4と3通り存在した。

1942年に北アフリカ戦線の英軍へ送られた車輌が初陣を飾り、米軍もチュニジア戦から主力として使用を開始している。ドイツ軍の重戦車に対抗するには攻撃力や防御力が不足していたものの、広い車内スペースや精密射撃を可能としたメカニズム、動力系や駆動系の高信頼性はずば抜けており、英国やソ連にも多数が供与され、第二次大戦中最も多く製造された当車輌は連合軍の主力戦車である。

M5軽戦車 スチュアートⅥ

太平洋戦線に投入され活躍

太平洋戦争が始まりM3軽戦車の生産が拡大し、M3に搭載するコンチネンタルエンジンの生産が車体の生産に追いつかなくなってきた。1941年後半になって自動車メーカーであるGM社キャデラック部門がM3軽戦車の動力として自社製自動車用エンジン2基を搭載することを提案、試験用車輌M3E2を製造しテストを行ったところ、約800kmの距離を無故障で走破して高信頼性を示したため制式採用となった。本来ならM4軽戦車となるべきだが、M4中戦車との混同を避けるためにM4を欠番としM5となった。GM社製の液冷8気筒ガソリン・エ

DATA

採用：1942年 重量：15.2t 全長：4.84m 全幅：2.29m 全高：2.57m エンジン：キャデラック水冷8気筒ガソリン×2 296hp 武装：37mm砲、7.62mm機銃×3 最大速度：58km/h 乗員：4名 ※データはM5A1

第3章　アメリカの戦車

M3軽戦車（スチュアート）をもとに造られたため「スチュアートⅥ」の愛称がついている。

ンジンを左右並列に収容するために、車体後部の機関室は1段上に持ち上げられた形に改められ、生産性の向上を図って車体は単純な箱型構造とされ、車体前面装甲板は1枚式に変わり避弾経始を考慮して大きな傾斜が付けられた。車体形状の改良により車内スペースが増加したため車内に弾薬庫と燃料タンクが追加され、37mm砲弾の搭載数がM3軽戦車の103発から147発に増え、路上航続距離も113kmから161kmへと増大している。

装甲板は従来は表面硬化鋼板をリベット接合していたが、生産性を上げるために均質鋼板の溶接構造に変更された。

第二次大戦におけるイタリア、ヨーロッパ戦線では、偵察車として活躍。太平洋戦線でも実戦投入されており、M5軽戦車シリーズは、日本軍に対して大打撃を与えた。1943年以降はM4中戦車が登場するまで最前線で活躍した。

重量が増加し軽戦車から中戦車に
M7中戦車

DATA
採用:1942年 重量:23.1t 全長:5.36m 全幅:2.79m 全高:2.24m エンジン:コンチネンタル空冷9気筒ガソリン400hp 武装:75mm砲、7.62mm機銃×2 最大速度:56.3km/h 乗員:5名

制式化されたがM4中戦車の生産が優先されたためごく少数が生産されただけだった。

1941年にT7軽戦車として開発が開始され、基本原型であるT7のモックアップが完成するとそれを基に製造方法、エンジンが異なるT7E1〜E4が設計され、試験された結果T7E2の採用が決定した。主砲にはM4中戦車と同じ75mm戦車砲を搭載するため砲塔が再設計された。装甲防御も見直されることになり、最終的には当初14tだった重量が25tにまで増加した。1942年に最終試作車が完成、軽戦車から中戦車へと分類が変更されM7中戦車として制式化されたが、基本的には軽戦車であり、すでに量産が開始されていたM4中戦車と比較しても小型すぎた。

104

第3章 アメリカの戦車

防御力よりも機動性を求め廃止
M6重戦車

DATA
採用：1942年　重量：57.3t　全長：8.43m　全幅：3.12m
全高：3m　エンジン：ライト空冷9気筒ガソリン900hp
武装：76.2mm砲、37mm砲、7.62mm機銃×3　最大速度：
35km/h　乗員：6名

わずかに生産された車輌は各種のテストベッドとして利用された。

1940年に開発が開始された重戦車。主砲は3インチ高射砲を戦車砲に改良したものが採用され、主砲同軸に37mm戦車砲を搭載した。またエンジンは航空機用の星形エンジンを搭載している。

しかしM6重戦車のテストを行った機甲部隊は性能に不満を持ち、1942年の終わりには、より信頼性があり、コストが安価で、輸送が非常に容易なM4シャーマンで今後も十分対処できると判断された。

1943年3月には生産数が削減され、M6重戦車の生産数は40輌となり、1944年には完全に開発計画が廃止されてしまった。

対戦車戦闘の戦車駆逐大隊を編成
M10駆逐戦車

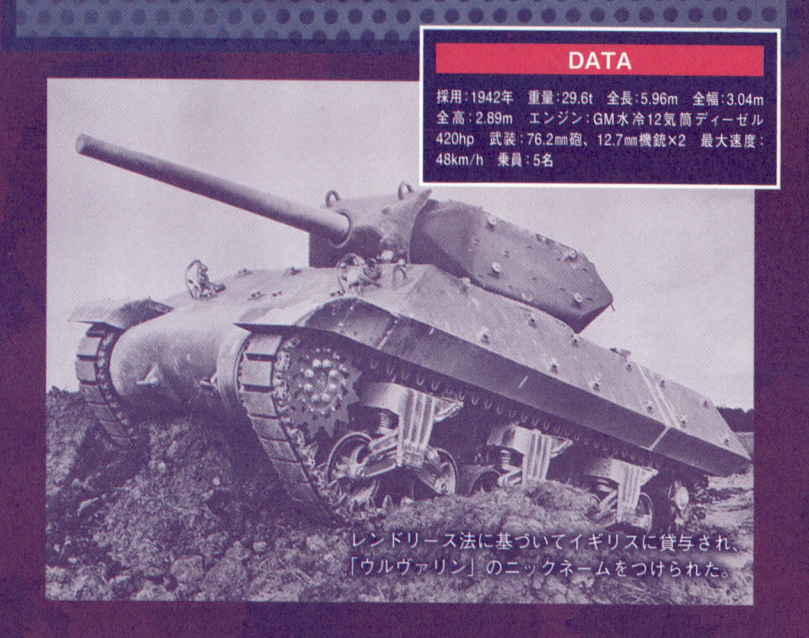

DATA
採用:1942年　重量:29.6t　全長:5.96m　全幅:3.04m
全高:2.89m　エンジン:GM水冷12気筒ディーゼル
420hp　武装:76.2mm砲、12.7mm機銃×2　最大速度:
48km/h　乗員:5名

レンドリース法に基づいてイギリスに貸与され、「ウルヴァリン」のニックネームをつけられた。

中戦車の車体を利用した自走榴弾砲の開発に成功した米国陸軍では、高初速砲を搭載した戦車駆逐車の開発を始めた。戦車駆逐車とは対戦車戦闘を主眼に置いた自走砲である。M4中戦車の車体にM6重戦車の主砲を搭載したT35の試作が開始され、側面装甲を傾斜させ車体高を低くした改良型T35E1がM10として制式化された。しかし、M10は高い防御力を誇る戦車に対抗できなかったため、歩兵直協任務以外に使用されることは少なかった。

M10はフィッシャー・ボディ戦車部門で4993輌、M10A1はフォードで1038輌が1943年11月末までに生産されている。

第3章 アメリカの戦車

軽装甲で高速戦法を得意とした車輌
M18駆逐戦車 ヘルキャット

DATA
採用:1943 重量:17.7t 全長:6.65m 全幅:2.87m
全高:2.57m エンジン:ライト空冷9気筒ガソリン400hp
武装:76mm砲、12.7mm機銃 最大速度:80km/h 乗員:5名

「ヘルキャット(性悪女)」という非公式の愛称が与えられている。

第二次世界大戦中に生産・使用された駆逐戦車。アメリカ陸軍においては対戦車戦闘を行う戦車駆逐大隊の装備として、より軽装甲で高速なヒット・エンド・ラン戦法向きな車輌の開発が進められていた。当初予定されていた37mm砲は対戦車用途としてもはや使い物にならないため、76mm砲を普通の戦車と同じ密閉型旋回砲塔に搭載し、クリスティー式サスペンションを持つ対戦車車輌、T49 GMCが試作された。1943年7月から翌年10月までに、合計2507輌が生産されている。実戦では、1944年のフィリピン戦や翌年の沖縄戦などの太平洋戦線でも実戦参加している。

ドイツ軍対策として開発された M36駆逐戦車 ジャクソン

戦車駆逐大隊が運用する自走砲としてM7 3インチ砲を搭載した前型のM10は、それなりの活躍を見せたものの、強力なドイツ軍重戦車を正面から撃破するには力不足であったし、アメリカ軍は、それ以前からより強力な火砲の戦車への搭載が検討されていた。

90mm高射砲を原型としたT7戦車砲が開発され、T1E1重戦車やM10の試作型に搭載するなどの実験が行われてきた。90mm砲の威力は十分であったが、前方に向けて絞り込まれた形状のM10の砲塔ではスペースが足りないため、より大型の砲塔が必要であることがわかり、1942

DATA

採用:1942年 重量:28.1t 全長:6.14m 全幅:3.04m 全高:2.71m エンジン:フォード8気筒ガソリン500hp 武装:90mm砲、12.7mm機銃 最大速度:48km/h 乗員:5名

108

第3章 アメリカの戦車

当時の連合軍の対戦車車輌としては最強だったM36。愛称の「ジャクソン」は南北戦争中の将軍ストーンウォール・ジャクソンによる。

　年12月に、2つの試作車が造られた。その1つが本車で、90mm砲搭載自走砲 M36ジャクソンとして採用され、その後M10系からの改造や新規生産を含めて、合計2324輌が生産されている。

　M10A1をもととするT71E1の量産型であるM36B2は、バルジの戦いでの苦戦などから強力な90mm砲を持つ本車の需要が増大した。672輌が生産されたほか、M10からの改造なども行われたが、大戦末期の登場であったため実戦には間に合わず、戦後多くが同盟国に供与されている。

　さらに、M36系列は大戦後、西側同盟国やユーゴスラビア連邦に供与され、朝鮮戦争では日本を経由して投入されるなど、世界大戦後も実戦参加している。

　近年では、ユーゴの各共和国による連邦離脱を巡る内戦で、連邦とクロアチア双方でM36B1とB2が、T-55やM-84に混じって使用された。これらはいずれもエンジンをT-55用のディーゼルエンジンに換装していたという。

装甲貫徹力に優れる戦車砲を装備
M26重戦車 ジェネラル・パーシング

DATA

採用：1945年 重量：41.9t 全長：8.65m 全幅：6.33m
全高：3.51m エンジン：フォード8気筒ガソリン500hp
武装：90mm砲、12.7mm機銃、7.62mm機銃×2 最大速度：
40km/h 乗員：5名

「パーシング」は第一次大戦のアメリカ軍総司令官ジョン・パーシングからとったもの。ちなみにアメリカ軍が自身で戦車に愛称をつけたのはこれが初めてだった。

米国陸軍はM6重戦車を1942年に制式化したものの、運用思想と一致しなかった。

M26重戦車は戦闘重量42tとM6重戦車より15t以上軽量であり、最大装甲厚は4・5インチとM6重戦車を上回っていた。またM26重戦車は車体・砲塔とも防弾鋼の鋳造製となっている。

主砲は50口径90mm戦車砲M3を備え、風防付被帽徹甲弾を使用した場合砲口初速884m／秒、射距離1000ヤードで130mm厚の均質圧延装甲板を貫徹することが可能であった。本車はその後、主力の「M60」に至る主戦闘戦車系列や「M103」に至る重戦車系列の2方向に発展し、戦後の米国戦車の基礎を確立していった。

第3章　アメリカの戦車

広範囲な任務を遂行できる新型戦車
M24軽戦車　チャーフィー

一線を退いた後も多くの西側諸国に供与され、一部の国では1980年代まで使用されていた。

DATA
採用：1944年　重量：18.4t　全長：5.56m　全幅：3m　全高：2.77m　エンジン：キャデラック水冷8気筒ガソリン×2　220hp　武装：75mm砲、12.7mm機銃、7.62mm機銃×2　最大速度：56km/h　乗員：5名

　第二次世界大戦においてアメリカ陸軍が開発し、実戦に投入した最後の軽戦車がM24軽戦車だ。開発段階では、M2／M3軽戦車の戦訓を検討し、将来の軽戦車には強力な火力と厚い装甲が必要になると結論。75mm戦車砲を搭載する新型軽戦車の研究を開始した。車体レイアウトはM7中戦車のものを流用、エンジンや操向変速機などの駆動系はM5軽戦車のものを流用、装甲は厚くせず、避弾経始を高めたデザインの外装が採用されている。また米国軽戦車として初めてサスペンションにトーションバーが使用された。
　戦後、日本には警察予備隊の創設とともに重装備の1つとして本車が供与されている。

空挺部隊に随伴できる新型戦車
M22 ローカスト

DATA
採用：1944年　重量：7.44t　全長：3.94m　全幅：2.25m　全高：1.84m　エンジン：ライカミング空冷6気筒ガソリン162hp　武装：37㎜砲、7.62㎜機銃　最大速度：56.3km/h　乗員：3名

砲塔を取り外して輸送機に搭載していたため着陸後に再び砲塔を組み立てる必要があり、空挺作戦本来の奇襲性を生かすことができなかった。

米国陸軍が要求した空挺作戦用戦車として開発された車輌。空挺戦車という特殊な用途に使用されることから、試作車輌のT9軽戦車の重量と寸法を小型化するよう求められ、要求仕様では戦闘重量7・5t、全長3・5m、全高1・67mという制限が課せられた。何度かの試験を経てT9E1は航空機につり下げることも考慮して砲塔が簡単に取り外せるようになっていた。しかし、米軍では当車を搭載できる大型輸送航空機の開発が後回しにされ、実戦には投入できなかった。その後も実戦では使用していないが、1945年のライン川渡河作戦に12輌が参加した記録がある。

第3章 アメリカの戦車

アメリカ軍の主力戦車の元祖
M46中戦車　パットン

写真ではサーチライトを装備している。愛称の「パットン」は第二次大戦の英雄ジョージ・パットン陸軍大将に由来する。

DATA
採用:1948年　重量:44t　全長:8.47m　全幅:3.51m　全高:3.18m　エンジン:コンチネンタル12気筒ガソリン810hp　武装:90mmライフル砲、12.7mm機銃、7.62mm機銃×2　最大速度:48km/h　乗員:5名

　M46は新規生産ではなくM26を改造して造られ、その生産途中で新型のM47パットンが開発された。

　M26とM46の外見は非常に似通っているが、エンジングリルが大きく異なり、起動輪と最後部の下部転輪の間に追加された小型転輪で容易に識別できる。M46パットンはM26と共に朝鮮戦争に実戦投入され、北朝鮮軍の主力戦車であったソ連製のT-34-85中戦車よりも優れた性能を発揮した。

　M46は、M1エイブラムスが開発されるまでアメリカ軍の主力戦車であったパットン・シリーズの元祖である。1957年2月には、全車退役した。

中戦車の車体をベースに改良
M47中戦車 パットン

新機構のステレオ式測遠機を装備していたが、主砲発射時の振動で測遠機に狂いが生じてしまうという問題点もあった。

DATA
採用:1951年　重量:46.2t　全長:8.51m　全幅:3.51m　全高:3.33m　エンジン:コンチネンタル空冷12気筒ガソリン810hp
武装:90mmライフル砲、12.7mm機銃、7.62mm機銃×2　最大速度:48km/h　乗員:5名

1950年に朝鮮戦争が勃発したため、T42中戦車は早急な実戦化が求められ、M46中戦車の車体にT42中戦車の砲塔を搭載した暫定型の戦車を製造、M47中戦車として制式化された。M47中戦車の車体は、車体前部の傾斜角が変更され、上部支持輪が片側5個から3個に減らされるなど一部に変化が見られるものの、基本的にはM46戦車と大差なかった。

M47戦車はステレオ式測遠機などの新機軸を盛り込んだ意欲的な戦車であり、遠距離においても正確に距離を測定することが可能であった。

実戦投入では、第二次印パ戦争や第三次中東戦争などに参加している。

第3章 アメリカの戦車

冷戦下の西側諸国に供与
M48中戦車 パットン

DATA
採用:1953年 重量:48.5t 全長:8.68m 全幅:3.63m 全高:3.24m エンジン:コンチネンタル空冷12気筒ターボチャージド・ディーゼル 武装:90mmライフル砲、12.7mm機銃、7.62mm機銃 最大速度:48km/h 乗員:4名 ※データはM48A3

1990年代にアメリカ軍からは完全退役しているが、現在でも各国で使用が続けられている。

M48戦車はM46パットンやM47と比較して徹底的な設計見直しが行われ、新型の砲塔と改良されたサスペンションを搭載。車体に関しては運転席を車体の左右どちらにも偏らない中心軸線上に配置し、アメリカ軍の大戦後型戦車として補助運転手を廃止して、1人乗りにした。

車体前部下面、車体底部も船底に似た丸みを持つ形となり、地雷に対する抗爆性を向上させた。機関系ではオーバーヒート対策として機関室上面に改良が加えられ、排気マフラーが装着された。

1990年代中頃にM48戦車はアメリカ軍から完全に退役した。

自動装填装置付き重戦車として開発
M103重戦車 ファイティング・モンスター

DATA

採用:1956年 重量:57t 全長:11.24m 全幅:3.76m 全高:3.23m
エンジン:コンチネンタル空冷12気筒ガソリン750hp 武装:120mmライフル砲、12.7mm機銃、7.62mm機銃×2 最大速度:37km/h 乗員:5名 ※データはM103A2

第二次大戦後のアメリカでは、ソ連の重戦車に対抗することを目的に各種の重戦車が開発されたが、そのなかで唯一量産された戦車である。

© Nexant

1948年にT43として開発が決定され、1950年には装填手2名による手動装填式120mm砲を装備する重量56tの重戦車として最終仕様が決定している。T43は仕様が決定した後も設計変更が繰り返され、生産車輌は試作車輌とは異なった形でT43E1となり、朝鮮半島に送られたが、多数の問題点が指摘され、配備の中止と生産車の予備兵器化が決定した。

しかし、すでに300輌近くを生産しており、問題点を改修して、120mm砲戦車M103ファイティング・モンスターとして1956年に制式化された。アメリカでは、1974年までにすべてが退役している。

第3章 アメリカの戦車

水陸両用の空挺戦車
M551空挺戦車 シェリダン

DATA
採用:1965年 重量:15.18t 全長:6.31m 全幅:2.79m 全高:2.95m エンジン:デトロイト・ディーゼル水冷6気筒ターボチャージド・ディーゼル300hp 武装:152mmガン・ランチャー、12.7mm機銃、7.62mm機銃 最大速度:70km/h 乗員:4名

空挺戦車として実戦に用いられた戦車はこのM551が最後となっている。

　M551の開発は軽戦車と空挺戦車を一本化する形で、AR／AAV計画として1959年に開始。戦闘重量10tで水上浮航性、空中投下、火力の向上、従来の軽戦車を上回る高い機動力が要求された。

　M551空挺戦車で特徴的なのは、重量軽減や浮航性を得るために車体が7039アルミ合金で構成され、エンジンにもアルミ合金が、変速・操向機にはマグネシウム合金が用いられるなど軽量化が図られていた。

　1968年から部隊配備が開始され、ヴェトナム戦争や湾岸戦争にも投入されたが、実用性に問題があり、M60A3戦車に改編されてしまった。

M41 ウォーカーブルドッグ

M24軽戦車の後継として開発

M41ウォーカーブルドッグは、1946年にアメリカ陸軍がM24軽戦車の後継となる新型軽戦車の開発をジェネラル・モータース社に依頼し、T37の試作名称で開発が始まった。T37軽戦車はフェイズⅠ、Ⅱ、Ⅲの名称で3種類の異なる車輌が製造され、フェイズⅡはT41と改称。1950年に改良型のT41E1軽戦車に発展した。

重量19t、砲塔は圧延鋼板と鋳造部品を組み合わせて溶接、油圧または手動で全周旋回可能となっている。主砲は、新たに設計された60口径76・2mm戦車砲T91E3を採用。操向装置は超信地旋回可能なクロス・ドライブ式アリソ

DATA

採用:1953年 重量:23.22t 全長:8.21m 全幅:3.2m 全高:2.73m
エンジン:コンチネンタル空冷6気筒スーパーチャージド・ガソリン500hp
武装:76.2mmライフル砲、12.7mm機銃、7.62mm機銃×2 最大速度:72km/h
乗員:4名

第3章 アメリカの戦車

愛称「ウォーカーブルドッグ」の由来は朝鮮戦争中に事故死した陸軍中将ウォルトン・ウォーカーから来ている。

ンCD-500-3となり、T字型ハンドルで操縦を行った。この操向装置とコンチネンタルAOS895-3水平対向6気筒ガソリンエンジン、トーションバー式サスペンションの組み合わせにより、路外での高い機動力を発揮できた。

M41軽戦車の生産はキャデラック社の手で行われ、生産第1号型は1951年半ばに1802輛が完成した時点で改良型のM41A1軽戦車に移行した。さらに、M41A2、M41A3と順次生産が続けられ、最終的には5500輛近くが完成している。M41軽戦車はM551空挺戦車が登場するまでアメリカ陸軍の主力偵察戦車であり、1961年には日本の陸上自衛隊にも147輛が供与され、61式戦車と並んで主力戦車として装備された。

M551空挺戦車に改編されてアメリカ陸軍からは姿を消したが、スペインやブラジルでは独自に改良を加えて耐用年数の延長が図られている。

M60中戦車 パットン

パットン・シリーズの最終モデル

M60戦車は、1956年にM46、M47、M48の一連のパットン戦車シリーズの後継として、ソ連軍の新型中戦車T-54Aに対抗するため開発を開始。

M48パットンⅢ戦車の基本設計を流用、改良を加えることで新型MBTの開発を進めた。M48A2戦車の車体を用いつつ、エンジンは出力重量比に優れているが燃費が非常に悪く、被弾時に誘爆の危険性が高いガソリンからディーゼルに変更、変速機や冷却装置と一体化してパワーパック形式とした。新型の主砲も90mm砲からイギリス製105mm戦車砲L7A1に換装し攻撃力

DATA

採用:1959年 重量:52t 全長:9.44m
全幅:3.63m 全高:3.26m エンジン:コンチネンタル空冷12気筒ターボチャージド・ディーゼル750hp 武装:105mmライフル砲、12.7mm機銃、7.62mm機銃 最大速度:48km/h 乗員:4名 ※データはM60A3

第3章 アメリカの戦車

現在に至るまで各国で改良を加えながら使用され続けている傑作戦車。「スーパー・パットン」と呼ばれることもある。

M60戦車シリーズにはM60、M60A1、M60A2、M60A3の4タイプが存在するが、最初の生産型であるM60戦車はM48A4戦車で試験された105mm砲塔を新型車体に搭載した折衷型である。

M48が車体を鋳造で製造していたのに対し、M60は平面溶接構造とし、転輪やフェンダーなどにアルミ合金を採用し軽量化を図った。砲塔はM48のものを引き継いだ形状の亀甲型鋳造砲塔で、改良型のA1型からはニードル・ノーズもしくはロング・ノーズと呼ばれる、全体的に細く絞った形状のものに変更された。

M60戦車シリーズの生産は1982年まで継続して行われ、アメリカ陸軍および海兵隊の他にエジプト、イスラエル、イラン、サウジアラビアなどの中東諸国や韓国など25カ国以上に輸出され、総生産数は2万輛とも言われている。

M1エイブラムス

世界最高水準の第3世代主力戦車

M1戦車の生産型第1号車は1980年に完成し、生産中に装甲強化などの改良が図られたマイナー改修型IPM1が登場、M1戦車のうち894輌はこのIP仕様として完成している。
M1戦車の最大の特徴は各国MBTのエンジンの主流がディーゼルであるのに対して、テクストロン・ライカミング社製のAGTー1500ガスタービン・エンジンを採用したことである。これは立ち上がりが速いという利点がある反面、燃料消費量が多いという欠点もあった。このため、M1戦車の車内燃料タンクは重量が同クラスのディーゼル・エンジンを搭載する西側第3世代

DATA

採用:1980年 重量:63.09t 全長:9.83m 全幅:3.66m 全高:2.89m エンジン:テクストロン・ライカミングガスタービン1500hp 武装:120mm滑腔砲M256、12.7mm機銃M2、7.62mm機銃×2 最大速度:67.6km/h 乗員:4名

第3章　アメリカの戦車

湾岸戦争やイラク戦争でも活躍し、登場から30年以上たつ今でも世界最高レベルの戦車としての評価を受けている。

　MBTに比べてほぼ2倍の容量を持つ。主砲には西側第2世代MBTの標準武装ともいえるL7系の51口径105mmライフル砲M68が採用され、FCSはエレクトロニクスを多用した当時としては最も高度なものが導入されている。

　また砲塔後部の弾薬収納部の上方は、被弾により収納弾薬が誘爆した際にはパネルが吹き飛んで砲塔内への被害を軽減するようになっている。砲塔と車体各部には複合装甲や中空装甲が採用されており、従来のアメリカ軍戦車とは異なり平面で構成された低い形姿が特徴的である。

　M1戦車は発展途上にある戦車として将来のバージョン・アップを前提に採用された。初めから最先端機器を搭載せず、長期にわたる調達と運用の過程で改修を繰り返したことが、21世紀の現在でも世界トップレベルの戦闘力を備えるMBTの地位を保ち続ける結果に繋がっている。

T28超重戦車

試作車　実質は戦車ではなく戦車駆逐車

T28超重戦車またはT95戦車駆逐車と呼ばれるこの車輌は、ドイツ軍が誇った強固な防御戦ジークフリートラインを突破するため、1944年に開発が開始された試作重戦車である。

速度よりも防御力を重視し、さらに、いかなる敵をも撃破しうる長砲身105mm砲を搭載。しかし限定旋回式の主砲だったため自走砲へ分類され、名称もT95に変更された。

正面装甲300mm、側面や下面も中戦車の正面装甲なみに厚い。総重量が80tを超え、過大な重量を支える履帯は左右2列ずつと変則的なものとなった。

DATA

完成：1945年　重量：86.2t　全長：11.13m　全幅：4.39m　全高：2.85m　エンジン：フォード水冷8気筒ガソリン　武装：105mm砲、12.7mm機銃　最大速度：12.9km/h　乗員：5名

第3章 アメリカの戦車

写真はパットン戦車博物館に展示されているT28。
©Randen-Pederson

　列車運搬時や舗装道路走行時には外側の履帯を外すことで車幅を小さくできたが、外す作業自体が複雑で労力を必要とした。

　また高射砲から転用した主砲は1000mの距離で135mmの貫通力があった。

　搭載するエンジンは重量が半分以下のM26パーシングと同じフォードエンジンだったため最高速度は13km／h程度と遅かった。

　T95自走砲の試作1号車が完成したのは終戦直後の1945年となり、5輌発注されていた試作車も戦況の好転により生産数を減らされたため、最終的には試作車2輌が完成したにすぎなかった。

　試作車は、1947年に1輌がユマ試験場において試験走行中にエンジン火災を起こし、重大な損傷を受けて廃棄された。もう1輌は解体された後にスクラップとして売られることが報告され、T28の開発計画は1947年に終了した。

125

重防御の装甲と強固な新型砲塔を装備
T29重戦車

DATA
完成:1945年　重量:63.05t　全長:11.57m　全幅:3.81m
全高:3.23m　エンジン:フォード水冷12気筒ガソリン　武装:105㎜ライフル砲、12.7㎜機銃×3、7.62㎜機銃　最大速度:35.3km/h　乗員:6名

ヨーロッパへの投入が間に合わず、試作のみで終わった。

©Fat yankey

T29重戦車は、開発期間の短縮とコストの削減を図るため、履帯などのコンポーネントがM26重戦車から流用され、外観はM26重戦車の拡大版であった。

T29重戦車の車体はM26重戦車と同様に防弾鋳鋼と圧延防弾鋼板が用いられ、前面上部の装甲厚は4インチで、避弾経始を考慮して54度の傾斜が与えられていた。車体前部は操縦室となっており、前部左側に操縦手、前部右側に車体前面のボールマウント式銃架に装備された7・62㎜機関銃M1919A4を操作する機関銃手が配された。

第3章 アメリカの戦車

伝統的な砲塔を外し、機力装填装置を装備
T30重戦車

DATA
完成：1947年　重量：65.7t　全長：10.9m　全幅：3.81m
全高：3.22m　エンジン：コンチネンタル空冷12気筒ガソリン　武装：155㎜ライフル砲、12.7㎜機銃×2、機銃
最大速度：35.3km/h　乗員：6名

完成した試作車は戦後の戦車開発のデータ収集のために利用された。

T30はT29重戦車と同時期に設計され、1947年に完成した。T30重戦車に搭載された155mm戦車砲T7は榴弾の射撃を前提として開発され、弾丸と装薬の総重量は60・7kgなり人力での装填が難しく、自動弾薬押し込み・排除装置の開発要求が出された。

T30E1改修車は、砲塔後面に自動的に薬莢を排出する円形のハッチが新設された。155mm砲T7は分離装薬と弾頭からなる弾薬を発砲。装填棒が動力化された機力装填装置によって装填手の負担が軽減された。

また砲弾の搭載にはホイストが用いられた。

クリスティー中戦車

　アメリカの起業家ウォルター・クリスティーが開発した戦車。第一次大戦中から開発されたが、アメリカ本国で採用されることはなく、ソ連などへ売り渡された。

採用：―　重量：14t　全長：5.54m　全幅：2.16m　全高：2.59m　エンジン：クリスティー水冷6気筒120hp　武装：57mm砲、7.62機銃×2　最大速度：22.5km/h　乗員：4名　※データはM1921

まだある！ アメリカの戦車

本章で紹介できなかった試作車や名車を網羅！

T2軽戦車

　1933年に開発がスタートし、翌年にロック・アイランド兵器廠で製造された。コンチネンタル航空機用のエンジンが搭載された。

開発：1934年　重量：―　全長：4.07m　全幅：2.06m　全高：2.38m　エンジン：コンチネンタル空冷星型260hp　武装：7.62機銃×2、12.7mm機銃　最大速度：43.4km/h　乗員：4名

T1軽戦車

　第一次世界大戦後にアメリカが開発した軽戦車。1927年にカニンガム社が製造した。同社が開発したT1E1戦車はのちにM1軽戦車として制式採用された。

開発：1927年　重量：6.8t　全長：3.81m　全幅：1.79m　全高：2.17m　エンジン：カニンガム8気筒105hp　武装：37mm砲、7.62機銃　最大速度：32.1km/h　乗員：2名

スケルトン戦車

　ミネソタ州にあるパイオニア・トラクターが第一次大戦末期に製造した戦車。軽量化に成功したものの、性能が低いことを理由に量産されることはなかった。

製造：1918年　重量：9t　全長：7.62m　全幅：2.57m　全高：2.9m　エンジン：ビーバー4気筒50hp　武装：7.62機銃　最大速度：8.04km/h　乗員：2名

T14突撃戦車

開発：1941年　重量：42.6t　全長：6.35m　全幅：3.12m
全高：2.47m　エンジン：フォード水冷8気筒470hp　武装：
75mm砲、機銃×3　最大速度：38.6km/h　乗員：5名

MBT70/Kpz.70

開発：1964年　重量：50t　全長：9.1m　全幅：3.51m
全高：3.29m　エンジン：―　武装：152mm砲、20mm
機銃、7.62機銃　最大速度：65km/h　乗員：3名

M8軽戦車

採用：― 重量：16.7t 全長：8.97m 全幅：2.54m
全高：2.55m エンジン：― 武装：105mm砲、12.7mm
機銃、7.62機銃 最大速度：72km/h 乗員：3名

MCS

採用：― 重量：24t 全長：6.64m 全幅：2.53m 全
高：2.59m エンジン：MTUディーゼル696hp 武装：
120mm砲、25mm機銃 最大速度：90km/h 乗員：2名

写真はMCSのバリエーションの1つである XM1203 NLOS-C（自走砲に近い）。

第4章
イギリスの戦車

世界初の実用的な戦車を開発したイギリス軍。シャーマン・ファイアフライ、チャレンジャー2など世界に影響を与えた戦車群を紹介する。

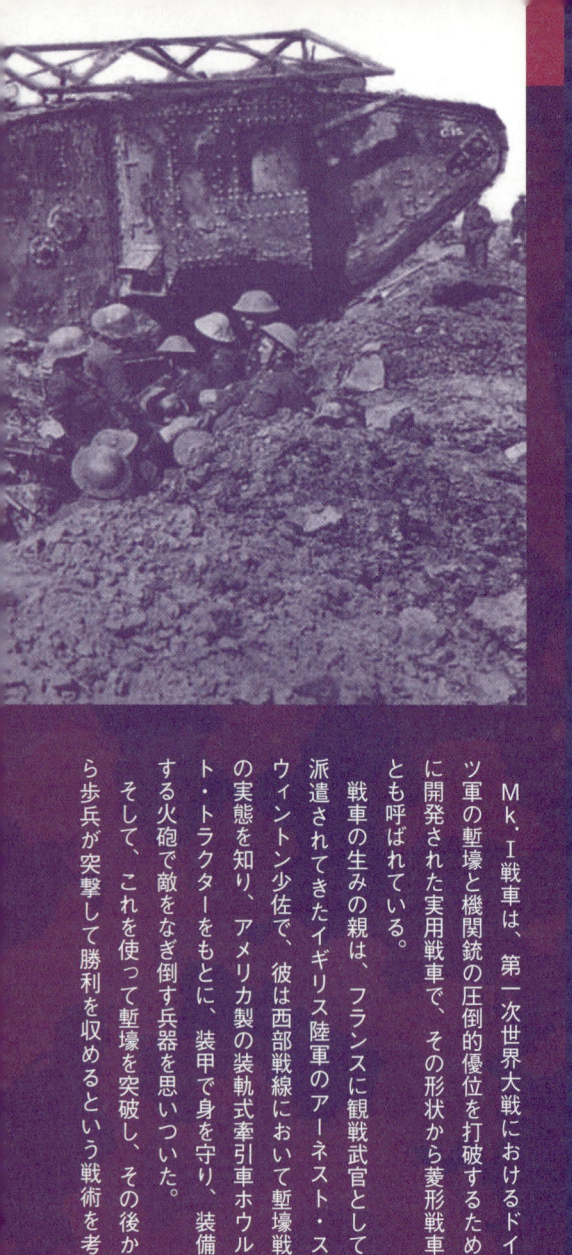

世界初の近代的な実用戦車
Mk.Ⅰ戦車

　Mk.Ⅰ戦車は、第一次世界大戦におけるドイツ軍の塹壕と機関銃の圧倒的優位を打破するために開発された実用戦車で、その形状から菱形戦車とも呼ばれている。

　戦車の生みの親は、フランスに観戦武官として派遣されてきたイギリス陸軍のアーネスト・スウィントン少佐で、彼は西部戦線において塹壕戦の実態を知り、アメリカ製の装軌式牽引車ホウルト・トラクターをもとに、装甲で身を守り、装備する火砲で敵をなぎ倒す兵器を思いついた。

　そして、これを使って塹壕を突破し、その後から歩兵が突撃して勝利を収めるという戦術を考

DATA
採用：1916年　重量：28t　全長：9.9m　全幅：4.19m　全高：2.44m　エンジン：ダイムラー・フォスター水冷6気筒ガソリン105hp　武装：57mm砲×2、7.7mm機銃×4　最大速度：5.95km/h　乗員：8名　※データは雄型

第4章 イギリスの戦車

57mm砲を装備した雄型、機銃を多く装備した雌型の2タイプがあった。写真は雄型。

え、1914年に戦車を考案したのだ。

Mk.Ⅰ戦車は、車体の左右側面に武装を収めるスポンソン（張り出し砲座）を設け、6ポンド戦車砲を装備するタイプとヴィッカース液冷重機関銃を装備するタイプの2種が製造されたが、6ポンド戦車砲装備型はメール、機関銃装備型はフィメールと名づけられた。

1916年に量産化が決定し、Mk.Ⅰ戦車として制式採用された。ソンムの戦いにおける第三次攻勢にて初めて戦闘に投入された。

イギリス陸軍は50輌のMk.Ⅰ戦車を前線に集めることができたが、そのうち18輌は進撃開始までに故障で停止し、残った32輌は数輌ずつ分散して突撃部隊の戦闘に立った。突撃そのものは成功し、Mk.Ⅰ戦車は戦線に数kmの穴を開けることができたものの、戦局に与えた影響は軽微だった。ドイツ軍はこの見慣れない兵器の出現にパニックに陥ったという。

A13系巡航戦車を改良
Mk.Ⅴ戦車

DATA
生産：1918年　重量：29.5t　全長：8.05m　全幅：3.95m
全高：2.63m　エンジン：リカード水冷6気筒ガソリン
150hp　武装：57mm砲×2、7.7mm機銃×4　最大速度：
7.4km/h　乗員：8名　※データは雄型

大戦中に量産された菱形戦車としてはこれが最終型となっている。

前型のMk.Ⅳ戦車は、エンジン出力の低さなど菱形戦車の根本的な欠点が改善されないままだった。後継のMk.Ⅴ戦車の設計は1917年から着手され、MCWF社で生産が開始された。1918年から部隊配備が開始され、第一次世界大戦が終結するまでに400輌が生産された。

Mk.Ⅴ戦車にも57mm砲を装備する雄型と7.7mm機関銃装備の雌型が存在し、雄型と雌型は1：1の割合で生産された。Mk.Ⅴ戦車は機動力、防御力、視察性など多岐にわたって性能が向上し、車体上面後部に車長用の大型キューポラが設置され、全方向へ優れた視界を得ることができた。

第4章 イギリスの戦車

軽戦車系列の最後の車輌
Mk.Ⅷ戦車

DATA
採用:1919年　重量:39.4t　全長:10.43m　全幅:3.66m　全高:3.12m　エンジン:リカード水冷12気筒ガソリン300hp　武装:57㎜砲×2、7.7㎜機銃×5　最大速度:8.8km/h　乗員:8～11名　※データはイギリス陸軍仕様

世界初の国際共同開発戦車。後にアメリカ軍で「リバティ重戦車」として制式化されている。

Mk.Ⅷ戦車は、1918年に初号機が完成。リバティー、インターナショナル、アライドとも呼ばれた。英米協定に従ってイギリスとアメリカが共同で生産し、連合軍で使用された。

設計の特徴は、リカードの300hpエンジンを戦闘室とバルクヘッド（隔壁）で仕切った別のスペースに搭載したうえで換気ファンを設置し、戦闘室への排気ガスや熱の侵入を阻止したこと。スポンソンはヒンジがつくと同時に、車内から手動で展開させることが可能になるようローラーベアリングに搭載された。

のちに軽戦車がイギリス陸軍の装備構想から外されたために実戦配備されることはなかった。

Mk.Ⅸ戦車

歩兵や補給品の輸送用として設計

Mk.Ⅸ戦車は、歩兵50名または補給品10tを輸送する歩兵・補給品輸送専用車輛として設計され、1918年にアームストロング・ホイットワース社によって第1号車が製造された。それまで車体中央部にあった変速装置は車体後部のエンジン前方に移され、そのスペースに1・07m×1・67mの貨物室が確保されていた。またエンジンの変速器とエピサイクル・ギアはMk.Ⅴと同じものが使用され、乗員は4名に減らされた。こうした補給車輛は開発され続けたが、Mk.Ⅰ、Mk.Ⅱ、Mk.Ⅳの一部や砲牽引車の多くが補給車輛に改装され、戦車がその役割を果たすように

DATA

生産:1918年 重量:27t 全長:9.74m 全幅:2.52m 全高:2.64m エンジン:リカード水冷6気筒ガソリン150hp 武装:7.7mm機銃 最大速度:5.39km/h 乗員:4名

第4章　イギリスの戦車

菱形戦車の流れを汲んでいるが、実質的には歩兵や物資の輸送車輌だった。

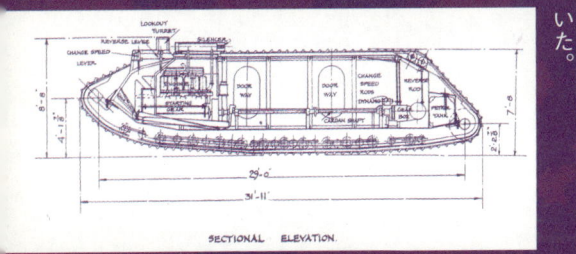

Mk. IXの設計図。

補給専用車輌の開発はされなくなった。Mk. IX戦車は200輌が発注されたが、第一次世界大戦終結時に完成していたのはたったの3輌だけで、結局製造されたのは総計23輌であった。側面にドアが新設されたMk. IX戦車は出力不足で、「The Pig（金属の塊）」とも呼ばれていた。

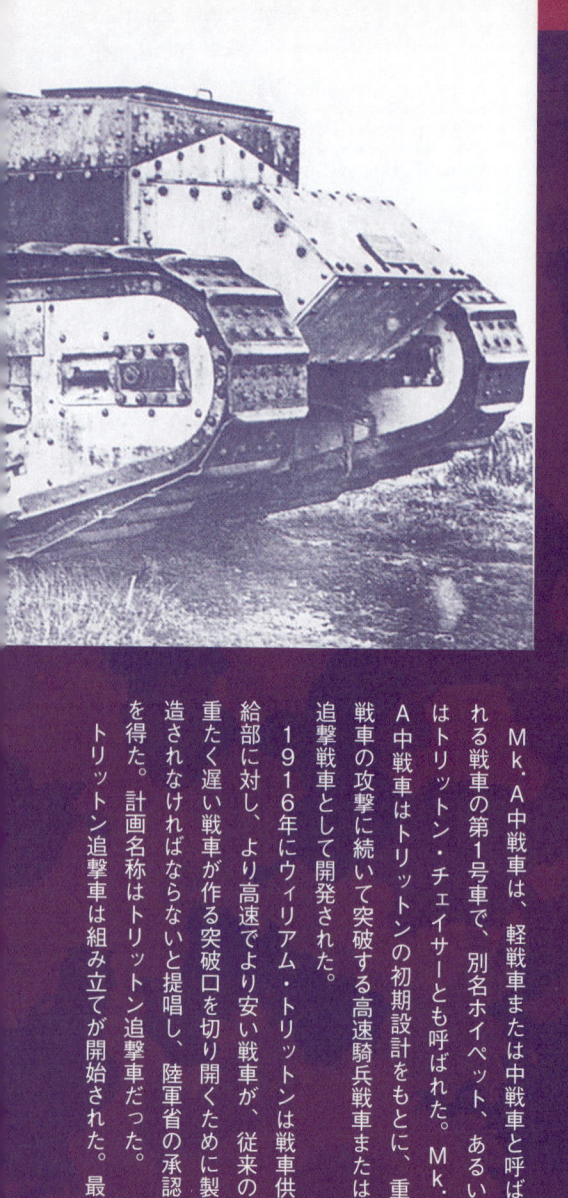

Mk.A中戦車 ホイペット

移動攻撃を意図して造られた装甲戦闘車輛

Mk.A中戦車は、軽戦車または中戦車と呼ばれる戦車の第1号車で、別名ホイペット、あるいはトリトン・チェイサーとも呼ばれた。Mk.A中戦車はトリットンの初期設計をもとに、重戦車の攻撃に続いて突破する高速騎兵戦車または追撃戦車として開発された。

1916年にウィリアム・トリットンは戦車供給部に対し、より高速で安い戦車が、従来の重たく遅い戦車が作る突破口を切り開くために製造されなければならないと提唱し、陸軍省の承認を得た。計画名称はトリットン追撃車だった。

トリットン追撃車は組み立てが開始された。最

DATA

生産:1917年 重量:14t 全長:6.1m 全幅:2.62m 全高:2.74m
エンジン:タイラー4気筒ガソリン×2 90hp 武装:7.7mm機銃×3〜4
最大速度:13.4km/h 乗員:3名

第4章 イギリスの戦車

日本でも数輛が輸入され、1929年頃まで使用されていた。

初の試作車輛はオースチン装甲車から取ってきた旋回砲塔を装備し、オールドバリーで戦車試験日に参加。初号車はフォスタースによって1917年に完成ホイペットを装備する最初の部隊に届けられた。

Mk.A中戦車の形状と設計はそれまでの戦車と異なり、戦闘室と固定式砲塔は車体後部に設置され、エンジンと燃料タンクが車体の前方に置かれた。左右の履帯はそれぞれ別のエンジンで駆動され、やはり左右が独立した変速器と動力伝達装置が組み合わされていた。操向は左右一方のエンジンが加速するともう一方が減速するようにスロットルを制御する方式を採用していた。さらに左右のエンジンは、それぞれのレバーで別々に操作することもできた。

また、伝達装置に連結した換気用ファンによって、戦闘室内に空気が送り込まれるようになっていた。

カーデン・ロイド豆戦車

小型で速度重視の装軌車輌

フランスの機甲歩兵部隊構想に影響を受けた英陸軍少佐のジフォード・マーテル卿が開発した小型牽引トラクターは軍の評価試験で好評を得た。

この評判を聞いたカーデン・ロイド・トラクター社は、マーテル卿の試作車よりも安価な1人乗り装軌車輌を製作、1925年に国防当局から実験用車輌の発注を受けることに成功した。

しかし、生産はこの頃カーデン・ロイドの工場を吸収したヴィッカース・アームストロングが行い、1928年に機関銃搭載を主目的に設計された。

車体の構成はMk.ⅣやMk.Ⅴと同じで、前部ディファレンシャル・ハウジングに装甲カバー

DATA

採用：1928年　重量：1.5t　全長：2.45m　全幅：1.69m　全高：1.21m　エンジン：フォード4気筒ガソリン40hp　武装：7.7㎜機銃または12.7㎜機銃　最大速度：45km/h　乗員：2名

第4章 イギリスの戦車

これ以降低コストで作れる豆戦車は世界的な流行となり、多くの国でライセンス生産された。

を装着、上部構造の両側に上部構造とほぼ同じ長さの雑具箱が設けられ、新型の履帯やサスペンションが採用された。車体前部に装備されたヴィッカース機関銃は脱着可能で、車外で使用する際には通常車体左側に装備された三脚に装着された。

カーデン・ロイド装甲車は英国陸軍では移動式銃座や偵察車輌として捉えられており、最終形態であるMk.VIに至っては機関銃運搬車と称されるようになり、ヨーロッパ各国でライセンス生産された。イタリア軍のCV33やCV35、フランスのUE、ロシアのT27、ポーランドのTK3、チェコスロバキアのMU4などである。また、日本海軍も陸戦隊用に輸入して使用している。

第二次大戦開戦後は、雑多となった機関銃運搬車を統合整理するため製作されたユニバーサルキャリアへと発展していくことになった。

各国で戦車部隊の基礎となった ヴィッカース6t戦車

第一次大戦後から本格的な戦車開発に携わったヴィッカース社は、1928年からそれまでの経験を基に新型軽戦車の開発を開始した。

全体的なスタイルはMk.Ⅱと似ているが、車体前部に操縦室、中央に砲塔を含む戦闘区画、そして後部を機関室とするレイアウトは現代の戦車と大差ないものであった。また転輪には車輪2個を前後に配したボギーをリーフ・スプリングで吊る方式が採られ、その後登場した多くの戦車に踏襲されている。

ヴィッカース6t戦車は2種類製造された。A型は当時主流となっていた機関銃を重視し、7・

DATA

生産:1928年 重量:7t 全長:4.57m 全幅:2.41m 全高:2.08m エンジン:アームストロング・シボレー空冷4気筒ガソリン80hp 武装:47㎜砲、7.7㎜機銃 最大速度:35.3km/h 乗員:3名 ※データはB型

第4章 イギリスの戦車

多くの国でライセンス生産された輸出戦車の傑作。

7mm機銃を装備する砲塔を左右に1基ずつ搭載したが、機関室と戦闘室を仕切る防火隔壁や耐久性のあるピッチの細かい履帯を装着した改良型サスペンション、車内通信装置といった新しい装備も盛り込まれていた。また後期型にはマルコーニ短波無線機SB-1Aも搭載された。B型も基本的には同じであったが、47mm砲と機関銃を装備した2名用砲塔を搭載していた。

ヴィッカース6t戦車は様々な国の戦車に影響を与え、複製されたりライセンス生産されたりした。海外で製造されたものとしては、ソ連のT26シリーズ、ポーランドの7TPシリーズ、アメリカのT1E4がある。

イギリス陸軍には制式採用されなかったが、海外との契約で生産した戦車までも必要とするほど戦車が不足していた1940年には多くが訓練用として使用された。

偵察戦車として騎兵連隊に配備
Mk.Ⅵ軽戦車

DATA
採用：1936年　重量：5.2t　全長：3.95m　全幅：2.06m　全高：2.22m　エンジン：メドウス水冷6気筒ガソリン88hp　武装：12.7㎜機銃、7.7㎜機銃　最大速度：56km/h　乗員：3名　※データはMk.ⅥB軽戦車

カーデン・ロイド豆戦車に砲塔を取りつけたMk.Ⅰ軽戦車から改良を加え続け、制式化され本格的に大量生産されることになったMk.Ⅵ軽戦車。

Mk.Ⅳ戦車は、Mk.Ⅰ戦車の小改良型であるMk.Ⅱ／Mk.Ⅲ戦車に引き続いてイギリス陸軍が開発した戦車で、設計は1916年に開始され、翌年には生産が開始されている。

それまで車内に配置されていた燃料タンクは安全のために車体後部外側に移動され、装甲板で囲われた。そして荒れた路面での駆動力を得るために履帯シューの鋼鉄製のスパッドが履帯シューの3枚から9枚ごとにボルト止めされた。車体上面に導かれた排気管にはマフラーが装着され、車内には乗員用に新しい冷却装置と換気装置が装備され脱出口も改善された。

第二次世界大戦開戦の時点で約1000輌が配備されていた。

第4章 イギリスの戦車

カーデン・ロイド系軽戦車から脱却
Mk.Ⅶ軽戦車 テトラーク

大型転輪を装備しており、第一転輪の向きを変えることで履帯をよじらせて方向転換することができるのが特徴だった。

DATA
採用:1940年　重量:7.62t　全長:4.12m　全幅:2.31m　全高:2.12m　エンジン:メドウス水冷12気筒ガソリン165hp　武装:40mm砲、7.92mm機銃　最大速度:64km/h　乗員:3名

　Mk.Ⅶ戦車の車体形状はMk.Ⅴ戦車と似ていたが、超壕力を向上させるため車体後部にタッドポウル・テイルと呼ばれる延長部が装着され、車体長がMk.Ⅴ戦車より914mm延長されていた。

　Mk.Ⅶ戦車は1917年にかけて試作車の走行試験が実施され、イギリス陸軍は1918年初めに75輌の生産を発注した。しかし油圧モーターの生産に手間取ったため1918年の第一次世界大戦終結までに生産型はわずか1輌しか完成せず、残りの発注はキャンセルされてしまった。

　イギリス空挺部隊がグライダーを廃止したこともあり、1949年に退役した。

145

歩兵支援用の新型戦車
歩兵戦車Mk.I マチルダ

高速を生かして偵察や突破任務に従事する巡航戦車と対極をなす戦車が歩兵戦車である。歩兵戦車の主任務は徒歩で進軍する歩兵の支援で、1934年に英国陸軍参謀本部が歩兵戦車の開発を要請、歩兵部隊の先頭に立ち敵の機関銃陣地を制圧することが求められていた。そこで速度や砲火力を犠牲にして、対戦車砲に耐えうる重装甲を施した戦車が製造されたのである。

新型歩兵戦車の設計はできる限りコストを抑えるため既存の技術転用が図られており、サスペンションやエンジンは旧式車輌などで使用していたものがそのまま使われている。この重装甲を施し

DATA

採用:1937年　重量:11.17t　全長:4.85m　全幅:2.29m　全高:1.87m　エンジン:フォード水冷8気筒ガソリン70hp　武装:7.7㎜機銃　最大速度:13km/h　乗員:2名

第4章 イギリスの戦車

走る速度と見た目から「マチルダ（アヒル）」という愛称で呼ばれた。

歩兵戦車は、1935年には秘匿名称マチルダとしてA11の戦争局制式番号が与えられ設計が開始され、Mk.I歩兵戦車として制式採用された。

1940年に開始されたフランス戦で、第1戦車旅団はMk.I歩兵戦車を77輌装備しており、ドイツ軍の対戦車砲弾を弾き返し、重装甲ぶりを発揮したが、武装が機関銃1挺のみという打撃力の低さから敵陣への攻撃は履帯による蹂躙攻撃に頼る有様で、戦果は思うに任せなかった。

結局Mk.I歩兵戦車は装甲こそ分厚かったものの、機関銃しか装備していないため戦闘能力の不足は如何ともし難かった。

基本設計があまりにもコンパクトにまとまりすぎていたため、改良によって性能の向上を図る余地もなかったMk.I歩兵戦車は早々に第一線を退き、イギリス本国で専ら訓練用戦車としてその余生を送った。

戦前に開発されて終戦まで活躍
歩兵戦車Mk.Ⅱ　マチルダ

DATA
採用：1938年　重量：26.9t　全長：5.61m　全幅：2.59m　全高：2.51m　エンジン：レイランド水冷6気筒ディーゼル190hp　武装：40mm砲、7.92mm機銃　最大速度：24.1km/h　乗員：4名

もともとはマチルダⅠの発展型として計画されたが、火力向上や最大速度の増加などの根本的な改良が求められたので、まったくの別車輌として開発されている。

大型の歩兵戦車A12、「マチルダ・シニア」の通称で開発され、1938年にMk.Ⅱ歩兵戦車として、イギリス陸軍に制式採用された。戦争の危機が目前だったこともあり、大量生産されることになり、総生産数は2987輌に達している。1940年春には第7戦車連隊の1個大隊が本車で構成されるまでになっていた。

イタリア軍との戦闘から実戦に投入され、分厚い装甲はイタリア軍の対戦車砲をすべて跳ね返すことができた。1941年6月の戦斧作戦では「戦場の女王」とまで称されている。地味な戦車ではあったが、戦前に開発されて終戦まで使われたイギリス戦車は本車だけであった。

第4章 イギリスの戦車

北アフリカ戦に従事した
歩兵戦車Mk.Ⅲ ヴァレンタイン

DATA
採用：1940年 重量：16t 全長：5.41m 全幅：2.63m 全高：2.27m エンジン：AEC水冷6気筒ディーゼル131hp 武装：40mm砲、7.92mm機銃 最大速度：24.1km/h 乗員：4名 ※データはバレンタインⅢ

イギリスで最も多く生産された戦車であり、イギリス本国だけで6855輌が生産されている。

1938年2月14日のヴァレンタイン・デーに設計プランをイギリス戦争局に提出していることから、「ヴァレンタイン」と命名された。

1940年5月にイギリス陸軍の試験を受け成績が良好だったことから制式化され、同年末に実戦部隊に配備されている。1941年に北アフリカのイギリス第8軍に装備されたが、北アフリカ戦では高い信頼性を得た。

1942年にはマダガスカル島での戦闘にも投入され、1944年6月のノルマンディー上陸作戦の頃には第一線から退き、多くが特殊車輌に改造された。本車は、イギリスが第二次世界大戦前に開発した最後の戦車となった。

歩兵戦車Mk.Ⅳ チャーチル

首相の名を冠した戦車

1939年のドイツ軍のポーランド侵攻から、第二次世界大戦が勃発したが、イギリス陸軍は第一次世界大戦と同様に、ドイツ軍との戦闘では塹壕戦が発生すると見越し、マチルダⅡ歩兵戦車の後継として、低速で窪みや塹壕を越えることができ、当時の対戦車砲に耐えうる重装甲を施した突破戦車のような新型歩兵戦車「A20」の開発を計画していた。

2輌の試作車が完成し様々な試験が行われたが、変速・操向機のトラブルに悩まされ結局不採用ということになってしまった。しかし、ヨーロッパ大陸に派遣していたイギリス軍が、フランスに

DATA

採用：1940年　重量：39.6t　全長：7.44m　全幅：3.25m　全高：2.49m　エンジン：ベドフォード水冷12気筒ガソリン350hp　武装：57mm砲、7.92mm機銃×2　最大速度：25km/h　乗員：5名　※データはチャーチルⅣ

第4章　イギリスの戦車

実戦を経て改良を加えながら生産し続けたため多くの
バリエーションがあり、第二次大戦末期には火炎放射
戦車や架橋戦車などに改造されたものもあった。

侵攻してきたドイツ軍に惨敗し、ほとんどの装備を放棄して撤退してきたことから、イギリスの危機感も決定的なものとなった。国土防衛の機運が高まり、開発を急ぐことになった。

そのとき、アメリカのジェネラル・モーターズ社の傘下にあった自動車会社から、A20歩兵戦車の規模を少し小さくして車重を軽くし、変速・操向機にかかる負担を軽くして従来のトラブルに対応すると共に、量産が早期に開始できるようにするという提案があり、1940年11月に「Mk.Ⅳ歩兵戦車」としてイギリス陸軍に制式採用され、500輌の生産が発注されている。国威発揚から、当時の首相ウィンストン・チャーチルから、「チャーチル」と名づけている。初の実戦参加は1942年8月のディエップ上陸作戦だったが、この作戦は失敗に終わり、投入された30輌のチャーチル歩兵戦車はすべて失われている。1943年には北アフリカ戦線に送られ、イタリア、ノルマンディーと転戦してゆく。

機動性の不足から量産されず
歩兵戦車 ブラック・プリンス

イギリス陸軍はティーガー戦車やパンター戦車などのドイツ軍の新型戦車に対抗するため、強力な対戦車砲である76.2mm砲を備えた戦車の開発を計画してきた。1943年にチャーチル歩兵戦車の車体を拡大して76.2mm砲を搭載する発展型が開発されることになった。

当初「スーパー・チャーチル」と呼称されていたが、やがて14世紀の著名な人物、エドワード黒太子にちなんで、「ブラック・プリンス」と命名され、「A43」の制式番号が付与されている。

チャーチル歩兵戦車に対して、ブラック・プリンス歩兵戦車はそれより一回り大きくなり、主砲

DATA
完成:1945年　重量:50.7t　全長:8.81m　全幅:3.44m　全高:2.74m　エンジン:ベドフォード水冷12気筒ガソリン350hp　武装:76.2mm砲、×2　最大速度:18km/h　乗員:5名

第4章 イギリスの戦車

より汎用性の高い巡航戦車センチュリオンの生産に力を注ぐためにブラック・プリンスは量産されなかった。

の強化に伴って車重も増大。チャーチル歩兵戦車の約40tに対してブラック・プリンス歩兵戦車では約50tと増加した。

1945年2月、試作第3号車を使って射撃試験と走行試験、上陸用舟艇への搭・下載試験も行われた。その結果、足が極端に遅いということを除いては重大な欠陥と思われるものは発見されなかったことから、開発はそこそこ順調に続いたが、しかし、1945年5月30日に試作車6輛を揃えたところで、量産に移行しないことが公式に決定された。この頃、すでにヨーロッパでのドイツとの戦いが終結し、太平洋戦争での日本との戦いもすでに先が見えていたからである。日本軍戦車には、当時のイギリス連邦軍戦車の主力火砲である75mm戦車砲で充分対抗できるとみられていた。

路上最大速度約18km/hという機動性のなさも災いし、対ロシア戦においても、噂のスターリン重戦車に対抗できるとは思われなかったことから、量産されなかった。

英国軍初の巡航戦車として期待された
巡航戦車Mk.Ⅰ

DATA
採用：1936年　重量：13t　全長：5.79m　全幅：2.5m
全高：2.64m　エンジン：AEC水冷6気筒ガソリン150hp
武装：7.7mm機銃×3　最大速度：40km/h　乗員：6名

「巡航戦車」とはイギリス独自の戦車区分で、高い機動力を生かしての突破や追撃を主としていた。防御力を高めて歩兵とともに戦線を突破する「歩兵戦車」とは対になる概念。

Mk.Ⅲ中戦車はコストパフォーマンスの悪さから量産が中止されたが、それ以前にMk.Ⅲに代わる新型中戦車の開発が進められていた。その開発コンセプトは、基本的なレイアウトは前作のMk.Ⅲ中戦車を踏襲しつつも、より軽量でより安価にまとめ上げることにあった。また、高速性を生かした偵察や強行突破・後方攪乱などを主任務とする巡航戦車としての期待があったことから、巡航戦車Mk.Ⅰと名づけられている。しかし、最新技術と旧態依然の設計が混在し、サスペンションが高速走行には向かず、いまいちの性能であったため、部隊配備は短命に終わっている。

第4章 イギリスの戦車

中途半端に終わってしまった巡航戦車の開発
巡航戦車Mk.Ⅱ

DATA
採用：1938年　重量：14.35t　全長：5.59m　全幅：2.53m
全高：2.65m　エンジン：AEC水冷6気筒ガソリン　武装：40mm砲、7.92mm機銃　最大速度：25.7km/h　乗員：5名

巡航戦車Mk.Iに比べて装甲が強化されており、イギリス軍で初めての重巡航戦車となっている。

巡航戦車Mk.Iの発展型として開発されたのが当車輌で、歩兵戦車同様の直協任務にも使用できるように装甲を強化している。装甲厚と車体装備の機銃がないことを除けば、前型の巡航戦車Mk.Iとほぼ変化はないが、重量増加に伴い最高速度は極端に低下し、これもまた、高速性が期待される巡航戦車とは似つかないものになっていた。このため、英国陸軍の分類では重巡航戦車とされている。

1940年のフランスや41年の北アフリカなど、大戦初期の各戦線で使用されたが、巡航戦車としても歩兵戦車としても中途半端な性格の車輌として終わってしまった。

新しいサスペンションの採用
巡航戦車Mk.Ⅲ

写真はフランスのカレーで撃破されたMk.Ⅲ巡航戦車。

DATA
採用：1938年　重量：14t　全長：6.02m　全幅：2.54m
全高：2.59m　エンジン：ナフィールド水冷12気筒ガソリン340hp　武装：40mm砲、7.7mm機銃　最大速度：48km/h
乗員：4名

英国陸軍最初の巡航戦車として完成したMk.Ⅰとその改良型Mk.Ⅱであったが、いずれの戦車とも、巡航戦車の使命である高速走行に不向きなサスペンションを採用していたことから、満足いく走行性能を示せないでいた。

Mk.Ⅰの開発と前後してソビエト赤軍に配備されていた高速戦車BT-5が採用していたクリスティー式サスペンションに目を付け、アメリカから輸入したクリスティー戦車をもとにした試作巡航戦車を完成させた。ようやく、期待されていた高速性を発揮する巡航戦車Mk.Ⅲとして採用。1939年から配備が開始され、大戦初期のフランス・北アフリカ戦線にて使用されている。

第4章 イギリスの戦車

前型の装甲強化版として改良
巡航戦車Mk.Ⅳ

DATA
採用：1939年　重量：15t　全長：6.02m　全幅：2.54m
全高：2.59m　エンジン：ナフィールド水冷12気筒ガソリン
340hp　武装：40mm砲、7.7mm機銃　最大速度：48km/h
乗員：4名

砲塔側面の「く」の字に折り曲げた増加装甲が目を引く。内部に空洞を作ることで衝撃を緩和するようになっている。

　前型がクリスティー式サスペンションの採用や機関出力の強化により、ようやく巡航戦車として期待されるだけの速度を発揮できるようになったが、しかし、Mk.Ⅲは車体軽量化のため装甲が充分に装備されているとは言えないものだった。そのため、次型への期待は、Mk.Ⅲの装甲強化版としての改良であった。
　サスペンションや機関などは巡航戦車Mk.Ⅲと変化はなかったが、車体前面や砲塔に増加装甲が施され、最大装甲厚は30mmとほぼ倍になった。1938年から製造が開始され、第二次大戦では初期のフランスや北アフリカ戦線で使用されている。

A13系巡航戦車を改良
巡航戦車Mk.V　カビナンター

DATA
採用：1940年　重量：18.3t　全長：5.8m　全幅：2.61m　全高：2.23m　エンジン：メドウス水冷12気筒ガソリン280hp　武装：40mm砲、7.92mm機銃　最大速度：50km/h　乗員：4名

ラジエーターと冷却用吸気口を車体前部に配置する特異なレイアウトによって車高を抑えることができたが、結果深刻な冷却能力不足に悩まされることとなった。

巡航戦車の開発におけるMk.IIIからMk.IVまでの変化は穏やかだったが、Mk.Vになるあたりから、機関や砲塔のデザインが一新されるなど外観が変化してきた。英国陸軍から提示された、中・重戦車の要求に基づいて、新たにA14戦車として設計されたが制式採用にはならず、従前のA13系巡航戦車を改良することから、A13Mk.IIIと名づけられていた。巡航戦車Mk.IVの部品を最大限流用するよう考慮されていたが、機関の冷却不足という深刻な問題が解決できず故障が多発したため戦場へは出せなかった。しかし、本国部隊での訓練任務に使用され、1700輌以上の大量生産が行われた。

158

第4章 イギリスの戦車

カビナンターの強化改良版
巡航戦車Mk.Ⅵ　クルセイダー

「クルセイダー」とは十字軍の意。なお、カビナンター以降の巡航戦車の愛称はすべて頭文字が「C」のものになっている。

DATA
採用：1940年　重量：19.26t　全長：5.99m　全幅：2.64m　全高：2.24m　エンジン：ナフィールド水冷12気筒ガソリン340hp　武装：40mm砲、7.92mm機銃　最大速度：43km/h　乗員：4名

　もともとは、1938年に出されたA13系巡航戦車を支援する重巡航戦車の開発要求に基づき、新規設計による開発を考えていた。

　しかし、戦雲が日増しに近づきつつある情勢から、巡航戦車Mk.Ⅴカビナンター（A13Mk.Ⅲ）の強化改良版の巡航戦車Mk.Ⅵとして開発することになった。可能な限り前型のカビナンターから流用していることから、カビナンターに似たスタイルとなっている。

　1941年から部隊配備が始まり、北アフリカ戦線では英国機甲部隊の主力戦車となったが、前型から引き継ぎ、ミッションや冷却系の信頼性不足が、最後までアキレス腱になっていた。

ミーティア・エンジンを搭載した戦車
Mk.Ⅷ巡航戦車　クロムウェル

ミーティア・エンジン搭載型が造られるまでのつなぎされたタイプは「巡航戦車 Mk.Ⅷ セントー」という名称がついている。

DATA
採用:1943年　重量:27.9t　全長:6.35m　全幅:2.91m
全高:2.49m　エンジン:ロールス・ロイス水冷12気筒ガソリン600hp　武装:57mm砲、7.92mm機銃×2　最大速度:64.3km/h　乗員:5名

戦闘機用エンジンとして実績のあったマーリン・エンジンを改良して、車載向きに直したものが「ミーティア」エンジンで、それを搭載する初の戦車としてA27巡航戦車が開発されていた。

しかし、A27巡航戦車の車体にミーティア・エンジンを搭載して量産が始まったのは、1943年1月からで、これが、A27Mクロムウェル巡航戦車である。ちなみに愛称の「クロムウェル」は17世紀の軍人の名前にちなんだもの。大量に生産されたクロムウェル巡航戦車は、1944年6月6日に実施されたノルマンディー上陸作戦から実戦に投入されたが、主に機甲部隊の機甲偵察連隊に配備された。

第4章 イギリスの戦車

火力を増強するために開発された長砲搭載型戦車
巡航戦車　チャレンジャー

「チャレンジャー(挑戦者)」の名で制式化されたが、同時期に開発されたシャーマン・ファイアフライより性能が劣っていたため活躍の機会は与えられなかった。

DATA
採用：1942年　重量：33t　全長：8.15m　全幅：2.91m
全高：2.78m　エンジン：ロールス・ロイス水冷12気筒ガソリン600hp　武装：76.2mm砲、7.62mm機銃　最大速度：51km/h　乗員：5名

　北アフリカ戦においてドイツ軍が長砲身を装備したⅣ号戦車を実戦投入したことから劣勢に立たされていたイギリス軍は、巡航戦車の火力の増強を検討していた。
　チャレンジャー巡航戦車の最初の生産車は、1944年3月に完成した。しかしこの時期、アメリカ製のシャーマン中戦車も開発計画が進められ、この試作車の試験の結果がチャレンジャー巡航戦車よりも優秀であったことから、実戦部隊にはアメリカ製の戦車が配備され、チャレンジャー巡航戦車の方は1944年8月から機甲偵察連隊に配備され、結局活躍する場が与えられないままに終わった。

161

巡航戦車Mk.Ⅶ キャバリア

旧式化したクルセイダーの後継

1940年半ばから、イギリス陸軍の新戦力であるカビナンター巡航戦車とクルセイダー巡航戦車の量産が開始されているが、これらの戦車ではドイツ陸軍のⅢ号戦車やⅣ号戦車に火力や装甲で対抗できずにいたことから、イギリス戦争局では、新型巡航戦車の開発を急いでいた。新型巡航戦車に要求されていた仕様は、装甲厚は最大76・2mmとし、主砲には57mm戦車砲を搭載し、エンジン出力を増大し、重量は24t以内というものであったが、この要求に応えられる設計案は少なかった。キャバリアは旧式化したクルセイダーの後継ではあったが、前型と同じエンジンで、装甲強化の

DATA

採用:1941年　重量:26.5t　全長:6.35m　全幅:2.88m　全高:2.44m　エンジン:ナフィールド水冷12気筒ガソリン410hp　武装:57mm砲、7.92mm機銃×2　最大速度:38.6km/h　乗員:5名

第4章 イギリスの戦車

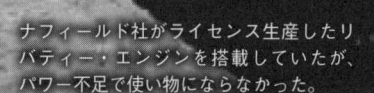

ナフィールド社がライセンス生産したリバティー・エンジンを搭載していたが、パワー不足で使い物にならなかった。

ために重量が増加した分、さらなる速力低下が懸念されていた。実際、最大速度が路上で38.6km/hと、一連の巡航戦車シリーズの中では最低だったことから、機動性が低いことは最初から懸念されていた。しかし、いずれ新しい巡航戦車が開発されるまでの繋ぎと言われ、見切り発車のような形で開発が進められていたのだった。

それにもかかわらず、試作車完成以前の1941年6月には、早々と「Mk.Ⅶ巡航戦車」の制式名称と「キャバリア」（騎士）の愛称が与えられ、500輌の発注が行われていた。

1945年、12輌のキャバリアが、フランス陸軍の歩兵第14師団に属する第12騎兵連隊に提供され、用いられているが、完成した車輌のほとんどはイギリス国内で訓練用に使われている。また、一部実戦に投入されたものもあるが、戦車としてではなく砲兵部隊の観測用車輌としてであった。

巡航戦車 コメット

火力・装甲・機動力のバランスがとれた国産戦車

　北アフリカ戦線でドイツに苦戦していたイギリス軍は、巡航戦車の火力増強型として17ポンド砲を搭載した巡航戦車チャレンジャーを開発していた。だが車体サイズと重量のバランスが悪く、イギリス陸軍は1942年秋以降、レンドリースによってアメリカから受領したM4中戦車シリーズを機甲部隊の主力戦車として使用し、チャレンジャー巡航戦車の活躍の場はなかった。

　しかし、そのM4中戦車でもドイツ陸軍の新型戦車に対しては威力不足だったことから、イギリス陸軍では、強力な17ポンド戦車砲を搭載する新型巡航戦車「A34」を開発することを決めてい

DATA

採用：1944年　重量：35.7t　全長：7.66m　全幅：3.05m　全高：2.68m　エンジン：ロールス・ロイス水冷12気筒ガソリン600hp　武装：77mm砲、7.92mm機銃×2　最大速度：46.6km/h　乗員：5名

第4章 イギリスの戦車

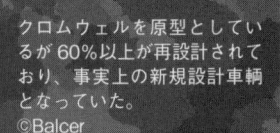

クロムウェルを原型としているが60％以上が再設計されており、事実上の新規設計車輌となっていた。
©Balcer

た。強力砲の完成とそれを搭載できる戦車の完成により、ようやく火力・装甲・機動力のバランスがとれた国産戦車を手に入れることができた。

1944年9月から量産型が軍に引き渡され、翌年初めに第11機甲師団の第29機甲旅団で部隊が編成された。最初の実戦投入は終戦も間近い1945年3月、ライン渡河作戦以降であったことから、ドイツ戦車と対戦する機会はほとんどなく、本領を発揮することはなかった。

第二次世界大戦後も生産され、朝鮮戦争などにも投入されたが、コメットは鉄道輸送のためにイギリス製戦車に課せられた車幅制限に適合するように設計されていた。後に開発された長砲の新型主砲への換装が不可能であり、第一線装備から外され、予備役部隊の装備となり、主に訓練に用いられた。1958年にはイギリス陸軍から退役し、アイルランドやフィンランド、南アフリカ共和国、ミャンマーに売却され、ミャンマーでは2007年まで現役であった。

国連軍最優秀戦車 巡航戦車 センチュリオン

第二次大戦下でのイギリス陸軍は、戦車装備について、歩兵戦車と巡航戦車の2本立てとの考え方で臨んでいた。

また、近い将来予定されているヨーロッパ大陸への反攻作戦では、強力なドイツ軍戦車との全面対決が予想され、火力・防御力そして機動力のすべてにおいて、これまでのギャップを埋められる新型戦車の開発が求められていた。

同車は、「重装甲の巡航戦車」であり、同時に歩兵戦車としても高い適性を示したことから、歩兵戦車と巡航戦車を統合する新たな区分の「中戦車」という扱いをされていた。

DATA

生産:1945年 重量:48.8t 全長:8.84m 全幅:3.35m 全高:2.921m エンジン:ロールス・ロイス水冷12気筒ガソリン600hp 武装:76.2mm砲、20mm機銃、7.92mm機銃 最大速度:34km/h 乗員:4名

166

第4章 イギリスの戦車

古代ローマ軍の百人隊長からとった「センチュリオン」の名称がつけられている。

設計にあたり、最初に要求されたのは信頼性の高さであった。それまで故障が多く信頼性が振るわなかった戦車が多かったからで、次には連続運用が可能な耐久能力であった。

また、重量と車体幅における制限もあった。鉄道輸送ということも加味しながら、ドイツの強力戦車に対抗するには、40t近い重量を見込まなければならないとされていた。

1944年2月に最終仕様書を作成し、翌年1月には最初の6輌の増加試作車が完成。オランダ～ベルギー方面から北ドイツへの侵攻を図っていたイギリス第21軍集団に所属する、第7機甲師団第22機甲旅団の第5戦車連隊に配属された。同年5月初めにベルギーに渡ったが、その直後、ドイツが無条件降伏した。実戦テストの機会は失われてしまったが、イギリス初の戦後型戦車として、改良を加えられながら、本格的な量産に入り、世界18カ国に輸出され、現在も9カ国で使用が続けられている。

シャーマン・ファイアフライ中戦車

M4中戦車シリーズの最高傑作

第二次世界大戦中、イギリス陸軍はアメリカからレンドリースによって1万7181輛ものM4中戦車シリーズを受領し、大戦下の大半においてM4中戦車シリーズを機甲部隊の主力戦車として使用した。しかし、ドイツ軍戦車の方も段階的に性能を向上させており、M4中戦車でも威力不足は決定的であった。そのため強力な対戦車砲である77mm砲を、このM4中戦車に搭載できないかと考え、砲塔と車体の両方の改良を試みることになる。改修が終わった試作車を1944年1月6日にイギリス陸軍に引き渡し、それから1週間後、さらに5輛の試作車が完成し

DATA

生産:1944年 重量:32.7t 全長:7.42m 全幅:2.67m 全高:2.74m エンジン:コンチネンタル空冷9気筒ガソリン400hp 武装:77mm砲、7.62mm機銃 最大速度:40km/h 乗員:4名

第4章 イギリスの戦車

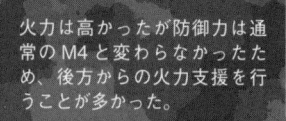

火力は高かったが防御力は通常のM4と変わらなかったため、後方からの火力支援を行うことが多かった。

た。この時期、チャレンジャー巡航戦車の配備が、大陸反攻作戦に間に合わないことが明白となっており、77㎜砲搭載型M4中戦車は、ティーガー戦車やパンター戦車などの強力なドイツ軍戦車に対する切り札として、にわかに脚光を浴びる存在となった。

「ファイアフライ」は、日本では「蛍」だが、イギリスでは「土蛍」と呼ばれる肉食性の蟻地獄のような虫で、「シャーマン」はアメリカの南北戦争時代に活躍したシャーマン少将に由来している。

第二次世界大戦の終結後は、イギリス陸軍がセンチュリオン中戦車を主力戦車に、またコメット巡航戦車をその補助に充てることを早々に決めたことから、本車はベルギー、オランダなど戦後の再建期にあったヨーロッパ各国に供与されたほか、インド、トルコ、アラブ諸国などにも供与されている。シャーマン・ファイアフライ中戦車は、M4中戦車シリーズの最後期量産型で、同シリーズの最高傑作と評価されている。

テトラーク軽戦車の後継車

Mk.Ⅷ軽戦車　ハリー・ホプキンズ

基本形は Mk.Ⅶ軽戦車テトラークだが、「く」の字型に折り曲げられたスペースド・アーマーと傾斜装甲を多用した前面装甲によりデザインが変わっている。

DATA
生産：1942年　重量：8.56t　全長：4.34m　全幅：2.71m
全高：2.11m　エンジン：メドウス水冷12気筒ガソリン
武装：40mm砲、7.92mm機銃　最大速度：48.2km/h　乗員：3名

本車はテトラーク軽戦車の後継車輌として、1941年から開発が始められた。基本面にはテトラーク軽戦車と似ているが装甲厚が増強され、避弾経始を考慮して車体と砲塔に傾斜装甲を採用したためデザインが変わっている。テトラーク軽戦車と同じ40mmの戦車砲を主砲としていたが、装甲貫徹力は向上していた。操向機構では油圧が採用されている。

とりあえず1944年頃までに100輌が生産されているが、英国陸軍は、1941年の中頃に、軽戦車の兵装と装甲の弱さ、戦闘時の貧弱な能力を理由とし、軽戦車をそれ以上運用しないことを決定していたために、実戦配備されることはなかった。

第4章 イギリスの戦車

アメリカ軍戦車M10の砲を77mmに換装
駆逐戦車 アキリーズ

DATA
生産:1943年　重量:29.6t　全長:7.27m　全幅:3.05m
全高:2.89m　エンジン:GM水冷12気筒ディーゼル　武装:
77mm砲、12.7mm機銃　最大速度:40km/h　乗員:5名

シャーマン・ファイアフライと同じく77mm砲に換装されることで生まれたアキリーズ。

　第二次世界大戦時、イギリス軍はアメリカから貸与されたM10駆逐戦車を配備するようになったが、それまで配備していたウォルバリンと呼ばれるM10をそのまま使用する一方で、主砲をイギリスが開発した、77mm砲に換装した戦車の配備構想にも着手していた。それが駆逐戦車アキリーズである。

　イギリス軍に供与されたM10の総数は1648輌と言われているが、換装の作業が砲尾部に若干の改修を加え、マズルブレーキの直後にカウンター・ウェイトを取りつける程度の比較的簡単な作業であったために、大戦末期にはほとんどのM10に77mm砲が装備されていたという。

重駆逐戦車 トータス

要塞地帯での戦闘を想定して造られた

イギリス軍では、将来、ヨーロッパ大陸における対戦では、強固に防御された要塞地帯で敵と戦うことになることを想定し、重駆逐戦車の設計開発に着手し、特別な目的を持つ車輌として、第79装甲師団の専門部隊に配備することを構想していた。しかし、ほどなく終戦になったことから、量産には移されなかった。

設計構想においては、強固な防御地帯の敵兵力を排除する用途に、機動性より防御能力を重視したものになっていた。

装甲ではドイツ軍が装備する、あらゆる種類の対戦車砲に耐えられるよう、最大装甲厚225

DATA

採用:1944年 重量:79t 全長:10.06m 全幅:3.91m 全高:3.05m エンジン:ロールス・ロイス ミーティア水冷12気筒ガソリン 600hp 武装:94mm砲、7.92mm機銃×3 最大速度:19.3km/h 乗員:7名

第4章 イギリスの戦車

ライン川近郊で、トラックに牽引されるトータス。

ボービントン戦車博物館に展示されている重駆逐戦車トータス。
©Hohum

mmの重突撃戦車の設計案をまとめ、主砲はこれまでイギリスで開発された第二次世界大戦最強の対戦車砲であった。

開発作業においては、クロムウェル巡航戦車を原型とするエクセルシアー重突撃戦車と、バレンタイン歩兵戦車を基礎にするヴァリアント歩兵戦車に集中された。さらにチャーチル歩兵戦車の装甲をアップグレードするプログラムもあった。

「A39」の戦争局制式番号を与えられて開発が開始され、1945年9月には作戦投入可能にするという前提のもとに、25輌の生産命令が陸軍省によって出され、作業が開始されたが、戦争終結とともに6輌だけ生産されることになった。

試みとして、ドイツへの輸送試験が行われることになり、そこでは改めて、本車の機械的信頼性や機関の強力さ、砲台としての安定性などを確認したものの、しかし約80tという大重量と、3mの全高は輸送の難しさを証明する結果ともなり、課題が残ってしまった。

FV4201 チーフテン戦車

戦後に開発された新型MBT

チーフテン戦車は、センチュリオン中戦車とコンカラー重戦車を統合する、新型MBTとして開発され、1960年代に配備されたMBTのなかでは最高の火力と防御力を備えていた車輛。
1950年代の初めに計画され、1954年までには重量最大50t、主砲は120mmライフル砲、傾斜装甲を持つ低い車体、エンジンにはコンパクトなV型8気筒液冷ディーゼル・エンジンを使用するという基本案がまとまり、「FV4201」の試作名称で設計作業が行われることになった。
戦車の車体と砲塔は、それまでのイギリス戦車とは違い、斬新なスタイルで、1959年末

DATA

採用:1963年 重量:55t 全長:7.58m 全幅:3.66m 全高:2.89m
エンジン:レイランド水冷6気筒ディーゼル750hp 武装:120mmライフル砲、12.7mm機銃、7.62mm機銃×2
最大速度:48km/h 乗員:4名
※データはMk.5

第4章 イギリスの戦車

対戦車兵器の発達から当時各国の戦車は装甲よりも機動性を重視するものが多かったが、チーフテンは時代に逆行し高い火力と防御力を備えていた。
©Adamicz

に最初の走行用試作車（無砲塔）が完成している。さらに1961年7月～1962年4月にかけて砲塔付き試作車が6輛イギリス陸軍に納入。1962年5月から各種試験が実施され、1963年5月から「チーフテン」（族長）Mk.1戦車として制式化。量産が開始されている。

チーフテン戦車の最大の特徴は、その強力な主砲で、55口径120mmライフル砲L11A5は最初の1分間の発射速度が平均10発で、次の4分間に6発発射できた。また、発射する砲弾の種類も主に戦車など装甲目標に使われるAPDS（装弾筒付徹甲弾）と、軽装甲目標や建築物などに使われるHESH（粘着榴弾）で、これらはソ連軍をはじめとする東欧諸国が装備していた戦車にも脅威を与えた。このためソ連軍は、チーフテン戦車に対抗できるT-64、T-72戦車シリーズの開発に着手するなどの対応をとらざるを得なかった。

活躍が期待された重戦車
重戦車　コンカラー

DATA
生産:1955年　重量:66t　全長:11.58m　全幅:3.99m
全高:3.35m　エンジン:ロールス・ロイス水冷12気筒ガソリン810hp　武装:120mmライフル砲、62mm機銃×2　最大速度:34km/h　乗員:4名

チーフテンの開発が進んでいたため試作に終わった。「コンカラー」とは「征服者」の意。

第二次世界大戦終了直後にソ連軍が開発したIS-3重戦車に衝撃を受けた西側諸国は、この戦車に対抗するための新型重戦車の開発に着手することになる。

当初、暫定型としてカーナーヴォン重戦車を開発し、試験運用しながら、1950年に新型重戦車の本命としてコンカラーを完成させた。カーナーヴォン重戦車と同型の車体に新型のFCS(射撃統制システム)と、新型で強力な55口径120mm戦車砲L1を搭載する重戦車であったが、試験や改良に時間がかかり、量産に入った1955年頃には、重戦車のコンセプトが時代にそぐわなくなり、生産は改良型Mk.2を含め3年後に180輌で終了した。

第4章 イギリスの戦車

世界へ輸出された優秀車
ヴィッカースMBT

DATA

生産：1964年　重量：40t　全長：9.78m　全幅：3.25m
全高：3.09m　エンジン：デトロイト・ディーゼル水冷12気筒ターボチャージド・ディーゼル720hp　武装：105mmライフル砲、12.7mm機銃、7.62mm機銃×2　最大速度：50km/h　乗員：4名　※データはヴィッカースMk.III

写真はインドでライセンス生産されたヴィジャンタで、インド国立戦争記念館に展示されている。
©AshLin

　ヴィッカースMBTシリーズは、イギリスのヴィッカース・アームストロング社が、当初は輸出向けにプライベート・ベンチャーで開発したMBTで、価格を抑えるために主砲には105mm砲を採用し、機関系はチーフテン戦車から流用して重量も37tに抑えていた。ヴィッカースMBT Mk.Iと名づけられ、1961年8月にインドが発注したことで試作車の製造が開始され、1964年から生産型の製造が始まっている。続いて、エンジンの出力強化やFCS（射撃統制システム）のコンピューター化、車体と砲塔の前面を鋳造とするなどの改良を実施したヴィッカースMk.3戦車を開発している。

スコーピオン軽戦車(偵察車輌)

空輸性と水上浮航性を持たせるために軽量化

イギリス陸軍は1950年代末に、当時使用していたFV601サラディン装甲車の後継として、新しい偵察用装甲車の開発を決めていた。CVR(T)型の軽戦車・偵察戦闘車が、最初に設計されたのは1960年代のことで、重量軽減のため素材はアルミニウムが多用されている。1970年から量産が開始され、FV101スコーピオンは、1973年から使用されている。偵察に留まらず、歩兵支援能力を備え、対戦車戦闘能力も持たせるという一種の多目的戦闘車輌として使用。「スコーピオン」は1241輌が生産され、さらにファミリーまで含めるとその総生産

DATA

採用:1970年 重量:8.1t 全長:4.79m 全幅:2.23m 全高:2.1m
エンジン:レイランド水冷6気筒ガソリン190hp 武装:76.2mmライフル砲、7.62mm機銃 最大速度:80.5km/h 乗員:3名

第4章 イギリスの戦車

写真は湾岸戦争時におけるスコーピオン軽戦車。

数は1996年の時点で3467輛に達する。14カ国で採用されているが、このうちイギリス陸軍の導入数は1712輛を数えている。

空輸性と水上浮航性を持たせるために、車体、砲塔共に防弾アルミ板の溶接構造が採られており、防御力は車体と砲塔前面にて旧ソ連製の14.5mm重機関銃弾の直撃に耐えることができる。それ以外では7.62mm機関銃弾の直撃や105mm榴弾の破片に耐えることができる。戦闘重量約8tと軽量なためC-130輸送機には2輛搭載することができる。大型ヘリコプターでも吊り下げて空輸可能である。76mm砲を搭載した回転砲塔を持ち、乗員は3名。車体前部右側に機関室、前部左側に操縦室、車体後部に全周旋回式砲塔を搭載した戦闘室を配するというオーソドックスなものにまとめられ、近年では、1982年のフォークランド紛争で使用され、1991年の湾岸戦争にも登場している。イギリス陸軍では1994年に全車退役した。

チャレンジャー1

イギリス軍が開発した第3世代戦車

チャレンジャー1はイギリスが開発した第3世代の主力戦車で、現在はその改良型としてチャレンジャー2が登場している。

イギリス陸軍はもともと戦車開発に関しては保守的なところがあり、既存の技術体系に一部改良を加えた、信頼性に足る堅実な設計を新世代車輌に要求していた。

1960年代、イギリス本国とも比較的良好な関係であったイラン向けに、輸出用戦車の開発計画があって、シール2として開発が進められていた。当時、シール1としてチーフテンを採用していたイランでは、次期主力戦車もまたイギリス

DATA

採用：1979年　重量：62t　全長：11.56m　全幅：3.52m　全高：2.95m　エンジン：パーキンス水冷12気筒ディーゼル1200hp　武装：120mmライフル砲、7.62mm機銃×2　最大速度：56km/h　乗員：4名

第4章 イギリスの戦車

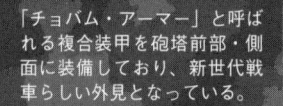

「チョバム・アーマー」と呼ばれる複合装甲を砲塔前部・側面に装備しており、新世代戦車らしい外見となっている。

に発注したいとして、イギリスは主力戦車チーフテンをたたき台として開発を進めていた。

しかし、イラン・イスラム革命による新政権の発足でイギリスへの発注はキャンセルされ、計画は白紙の状態になっていたが、その計画に着目したイギリス陸軍が同計画を次期主力車輛開発計画にシフトしたことによって、本車の第1世代であるチャレンジャー1の開発に繋がることになった。試作車は1980～1981年にかけて7輌が製造され、同年12月14日に「チャレンジャー」の名称でイギリス陸軍に制式採用されている。

当初能力に疑問符がつけられていた本車ではあったが、1991年の湾岸戦争時の地上戦で使われ、1輌の損失もなく300輌あまりのイラク軍戦車を撃破するという高い能力を発揮した。そのことから、チャレンジャーに対する信頼が高まり、湾岸戦争の参加車にはチャレンジャーと同じ爆発反応装甲が追加され、以後PKO派遣車の標準装備となった。

チャレンジャー2
チャレンジャー1の改良型

チャレンジャー2戦車は、チャレンジャー1戦車の改良型で、開発の背景には、旧西ドイツに展開していたイギリス・ライン駐留軍が装備するチーフテン戦車の後継MBTが必要になったという事情があった。イギリス国防省は当初、アメリカのM1A1戦車や旧西ドイツのレオパルト2戦車、フランスのルクレール戦車などを後継のMBT候補に挙げていたが、イギリス政府は、最終的に国産と調達コストの安さを重視してヴィッカース社のチャレンジャー2戦車を採用し、1988年12月に試作車の製造を発注した。

チャレンジャー2戦車は、FCS（射撃統制装

DATA
採用：1991年　重量：62.5t　全長：11.55m　全幅：3.52m　全高：2.49m　エンジン：パーキンス水冷12気筒ディーゼル1200hp　武装：120mmライフル砲、7.62mm機銃×2　最大速度：56km/h　乗員：4名

第4章　イギリスの戦車

形状はチャレンジャー1とあまり変わらないが、車輌用電子装置の充実や第2世代チョバム・アーマーを装備するなどの強化を受けている。
©Graeme Main

置）などのヴェトロニクス（Vetronics："Vehicle Electronics"の略語、車輌用電子装置）の充実に主眼を置いて開発されている。また、装甲防御力は2000年代にも通用するよう強化され、新型の主砲は精度・威力ともに強化され、砲身寿命も大幅に延びている。

1991年6月にイギリス政府はチャレンジャー2戦車をイギリス陸軍の次期MBTとして制式採用することを決め、386輌を発注することになったが、これによりチャレンジャー1戦車は順次退役することとなり、その一部は諸外国へ販売されたり戦車回収車などに改造されることが決まった。しかし、戦後第3世代MBTとして完成度を高めたチャレンジャー2戦車であるが、輸出に関してはあまり伸びていないことから、機動性能の改善やディジタル情報を交換するためのBMS（戦場管制システム）やGPS航法システムの搭載など、より商品価値を高めたチャレンジャー2E戦車を開発している。

試作車 イギリスが造った箱型戦車

リトル・ウィリー

第一次世界大戦下の西部戦線において、膠着状態に陥った塹壕戦と機関銃による戦いを打破するために誕生した兵器が、世界初の近代的な実用戦車「Mark・I」で、戦車のルーツと言われている。1915年9月に登場した「リンカーン・マシーン」と呼ばれる初の戦車をもとに、改良を施して第2試作車「リトル・ウィリー」が製造されている。このリトル・ウィリーは細い履帯を低い位置に装着し、車体は背が高く箱形をしていたが重心が高く不安定で、履帯も塹壕を越えるには短か過ぎることが判明したことから、この欠点を補うため、装輪式陸上戦艦をベースに、リトル・

DATA

生産：1915年　重量：16.5t
全長：5.87m　全幅：2.86m
全高：2.51m　エンジン：ダイムラーガソリン105hp　武装：57mm砲×2　最大速度：3.2km/h
乗員：6名

第4章 イギリスの戦車

実戦参加こそしていないものの、世界初の試作戦車となっている。

ウィリーのコンセプトを盛り込んだ試作車「ビッグ・ウィリー」を設計した。

ビッグ・ウィリーは車体周囲に履帯を配し、左右の履帯の速度を変更することで方向転換を行うという戦車の操向コンセプトを完成させていた。

また、車体は初期のイギリス軍戦車の典型的な形状である菱形をしており、超壕能力を増すために車体後部に直径122cmの大径車輪が追加されていた。このビッグ・ウィリーを用いて、1915年12月3日から走行試験が行われ、高い能力が確認された。1916年2月に「Mk.I戦車」としてイギリス陸軍に制式採用。100輌の生産型が発注され実用化まで達することとなった。Mk.I戦車が最初に実戦に投入されたのは、ソンム会戦の最中で、戦局に与えた影響は軽微だった。しかし、ドイツ軍はこの見慣れない兵器の出現でパニックに陥り、イギリス軍前線部隊では戦車の威力を確信して、その後の戦車の大量産を求めている。

試作車　各国陸軍が模倣している
A1E1 インディペンデント重戦車

DATA
完成：1925年　重量：31.5t　全長：7.75m　全幅：3.2m
全高：2.69m　エンジン：アームストロング・シドレー空冷
12気筒ガソリン398hp　武装：47mm砲、7.7mm機銃×4
最大速度：32km/h　乗員：8名

「多砲塔型戦車」というジャンルのルーツとなったA1E1インディペンデント戦車。この当時は戦車の基本形状が定まっておらず、各国で様々な形状のものが試作された。

イギリスでは、戦車に"A"、装軌式装甲車に"B"、装輪式装甲車に"D"で始まる参謀本部制式番号を付与する方針により、イギリス陸軍初の制式重戦車として、"A1"の参謀本部制式番号が与えられた。これに1番目の試作車を意味する"E1"を加え、"A1E1"とされた。

インディペンデントは実戦には一度も参加しなかったが、各国陸軍は本車を模倣している。

また、A1E1が大型・高価な戦車となることから、それを補う小型・安価な戦車として、イギリス陸軍は、カーデン・ロイド豆戦車を開発し、多くの国がこれを購入、あるいは模倣した豆戦車を開発し、間接的な影響を与えた。

第4章 イギリスの戦車

試作車　幻の超重戦車
TOG重戦車

DATA

完成:1941年　重量:80t　全長:10.14m　全幅:3.12m
全高:3.04m　エンジン:リカードディーゼル600hp　武装:
40mm砲、75mm榴弾砲または77mm砲　最大速度:13.6km/h　乗員:6名

第一次大戦中に戦車を開発した技術者たちが造った戦車で、菱形戦車に砲塔を取りつけたような形状をしている。写真は57mm砲を搭載したTOG2。

第二次世界大戦の初期、イギリスの重戦車設計によって開発された戦車で、砲撃でかき回された田園と塹壕を横切ることができる性能を持っていた。「The Old Gang, ジ・オールド・ギャング」(古いろくでなし)とあだ名をつけられ、頭文字をとり、TOGの名が適用されている。

イギリスの試作超重戦車である。この車輌は、第一次世界大戦時に生じた、泥と塹壕とクレーターの泥沼と化した北フランスのような戦場に備えていた。

TOG2はTOG1重戦車と似ており、特徴の多くを保持していたが、最も進歩したオードナンス76・2mm砲を装備し、活躍していた。

フライング・エレファント

ダイムラー105hpエンジンを2基搭載したフライング・エレファント。完成間近となった1916年にMk.Iの製造が優先されたため、計画は中止となった。

採用：―年　重量：90〜100t　全長：8.15m　全幅：2.30m　全高：3.05m　エンジン：ダイムラー・フォスター製ガソリン210hp　武装：57mm砲、機銃×6　最大速度：―　乗員：8名

まだある！
イギリスの戦車

イギリス軍の叡智を結集させた試作車の数々を紹介！

Mk.C中戦車

Mk.B同様に、1918年に450輛の生産が開始されたが、48輛完成したところで第一次大戦が終わってしまう。完成した戦車は主力戦車として配備された。

採用：―　重量：20t　全長：7.93m　全幅：2.54m　全高：2.90m　エンジン：リカード・ガソリン150hp　武装：機銃×4　最大速度：12.7km/h　乗員：4名

Mk.B中戦車

イギリスのウィルソン陸軍少佐が設計した戦車。1918年に450輛発注されたが、生産途中で第一次大戦が終結し、計画は中止された。

採用：―　重量：18t　全長：6.93m　全幅：2.64m　全高：2.59m　エンジン：リカード・ガソリン100hp　武装：機銃×4　最大速度：9.81km/h　乗員：4名

Mk.II中戦車

Mk.I中戦車よりも装甲厚を増大し、視界を向上させるなどの改良が加えられた。1939年まで配備され、その後は訓練用として使用されていた。

採用：―　重量：13.2t　全長：5.33m　全幅：2.78m　全高：2.69m　エンジン：アームストロング・シドレー空冷8気筒90hp　武装：47mm砲、8mm機銃×4、7.7mm機銃×2　最大速度：24.1km/h　乗員：5名

ヴィッカース　Mk.I中戦車

1924年に1号車が完成し、イギリス陸軍に配備。軽戦車が主流となってくると、名称はMk.I中戦車と改められた。

完成：1924年　重量：11.7t　全長：5.33m　全幅：2.78m　全高：2.71m　エンジン：アームストロング・シドレー空冷8気筒90hp　武装：47mm砲、8mm機銃×4、7.7mm機銃×2　最大速度：24.1km/h　乗員：5名

Mk.Ⅲ中戦車

　1930年に新型の16t戦車として製造が決定したMk.Ⅲ中戦車は、大型砲塔や改良型機銃、毒ガス防御装備などが採用された。

製造：1930年代　重量：16t　全長：6.55m　全幅：2.69m　全高：2.95m　エンジン：アームストロング・シドレー空冷8気筒180hp　武装：47mm砲、7.7mm機銃×3　最大速度：48.2km/h　乗員：7名

カーデン・ロイド　Mk.

　カーデン・ロイド豆戦車に軽機関銃を装備するなどの改良が加えられた。

採用：―　重量：1.6t　全長：3.16m　全幅：1.36m　全高：1.47m　エンジン：フォード水冷14hp　武装：軽機関銃　最大速度：24.1km/h　乗員：1名

Mk.Ⅲ軽戦車

　上部構造がMk.Ⅰ系の軽戦車とほぼ同じ設計。1933年に配備されている。

採用：1933年　重量：4.5t　全長：3.66m　全幅：1.92m　全高：2.11m　エンジン：ロールス・ロイス6気筒66hp　武装：7.7mm機銃または12.7mm機銃　最大速度：48.2km/h　乗員：2名

Mk.Ⅱ軽戦車

　1931年に16輌が生産され、試作車はA4E13からA4E15と命名された。そのうち2輌は水陸両用として使用された。

生産：1931年　重量：4.25t　全長：3.58m　全幅：2.15m　全高：2.02m　エンジン：ロールス・ロイス6気筒66hp　武装：7.7mm機銃　最大速度：48.2km/h　乗員：2名

Mk.Ⅴ軽戦車

　ヴィッカース・アームストロング社が製造した軽戦車としては、初めてイギリス軍に配備された車輌。生産されたのは合計22輌だった。

製造：1933年　重量：4.15t　全長：3.68m　全幅：2.06m　全高：2.21m　エンジン：メドウス6気筒88hp　武装：7.7mm機銃および12.7mm機銃　最大速度：51.4km/h　乗員：3名

Mk.Ⅳ軽戦車

　1934年に製造された本車は、Mk.Ⅲ軽戦車の改良型。機関部は直接車体に搭載される構造となった。

製作：1934年　重量：4.6t　全長：3.4m　全幅：2.05m　全高：2.12m　エンジン：メドウス6気筒88hp　武装：7.7mm機銃または12.7mm機銃　最大速度：57.9km/h　乗員：2名

巡航戦車Mk.Ⅷ　セントー

採用：― 重量：27.5t 全長：6.35m 全幅：2.90m 全高：2.49m エンジン：リバティー395hp
武装：― 最大速度：43.4km/h 乗員：5名

歩行戦車バリアント

試作：1944年 重量：27t 全長：5.40m 全幅：2.74m 全高：2.13m エンジン：GMディーゼル210hp
武装：75mm砲、機銃 最大速度：19.3km/h 乗員：4名

第5章
ソ連・ロシアの戦車

第一次世界大戦から戦車の開発に力を注いできたソ連・ロシア。ソ連初の国産戦車や、T-72やT-80など世界各国でライセンス生産されている名車を解説する。

MS-1（T-18）軽戦車

ソ連初の国産戦車

ロシアにおける戦車の歴史を見てみると、他国と同様に、本格的な戦車の開発が始まる以前からさまざまな試行錯誤が行われているが、いずれも実用化には至っていない。1918年、帝政ロシア政府がイギリスからMk.VとMk.C中戦車を、フランスからルノーFTをそれぞれ購入したが、その多くはボリシェビキ（ソビエト連邦共産党の前身）の手に渡っている。

やがて1919年後半になると、こんどはソビエト革命軍によって、ルノーFTを模倣したKS戦車と呼ばれる戦車が製作された。KSとは、エ場があった地名から取られており、別名として

DATA

生産：1928年 重量：5.9t 全長：3.5m 全幅：1.8m 全高：2.2m エンジン：ガソリン35hp 武装：37mm砲、7.62mm機銃 最大速度：17km/h 乗員：2名

第5章 ソ連・ロシアの戦車

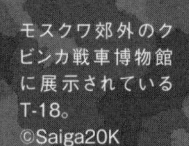

モスクワ郊外のクビンカ戦車博物館に展示されているT-18。
©Saiga20K

このKSをもとに開発されたのがMS-1である。設計は、新たに設置された戦車設計局で行われ、ソ連初の国産戦車となった。車体はKSに近いが機関銃がより小さくなり、主砲に37mm砲と7.62mmの機関銃が備えられた。改良されたスプリング式サスペンションも装備され、トラック用の35馬力水冷エンジンが搭載されたが、最大速度は当時の貨物トラックに及ばなかった。なおMSはMaliy Soprovozdieniyaの略で、歩兵戦車のことを意味する。

1929年の中ソ紛争で中国軍との交戦に投入され、一部の車輌は1941年6月の独ソ開戦時にも使用されている。

この後しばらくは、ソ連で製造される戦車のほとんどが、このMS-1をベースとするものとなっている。MS-1は1928年から1931年までの間、たびたびの生産停止を挟みながらも、後期型も含め960輛が製造された。

T-26軽戦車

当時の世界最多生産を誇り派生型も多数

1930年、ソ連は海外から数多くの戦車を購入、ライセンス契約権を結んだ。主な購入先となったのはイギリスだったが、そのうちのヴィッカース6t軽戦車を改良して国産化したものが、T-26である。なお、このときにレニングラード（現サンクトペテルブルク）のボリシェビキ工場に設けられた試験設計機械部は、ソ連の戦車開発において戦車設計局と並ぶ存在となっている。当初生産されたのは、武装以外はヴィッカース軽戦車を複製したもので、短砲身37mm砲と7・62mm機関銃をそれぞれに備えた双砲塔型と、左右の砲塔ともに7・62mm機関銃とした指揮戦車型があっ

DATA

採用：1931年　重量：9.4t　全長：4.62m　全幅：2.44m　全高：2.33m　エンジン：空冷8気筒ガソリン90hp　武装：45mm砲、7.62mm機銃×1または3　最大速度：30km/h　乗員：3名　※データは1933年型

第5章　ソ連・ロシアの戦車

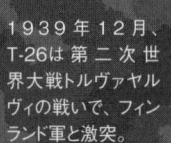

1939年12月、T-26は第二次世界大戦トルヴァヤルヴィの戦いで、フィンランド軍と激突。

た。さらに改良が重ねられ、33年からは長砲身の45mm砲1門と7.62mm機関銃1挺装備の円筒型砲塔を持つタイプが造られ、この1933年型がシリーズの標準となっている。

複砲塔仕様のA型と単砲塔仕様のB型とがあり、A型にはA-1～A-5の種類があったが、このうちA-1はヴィッカース製のものに名付けられている。A-2は空冷7.62mm機関銃を、A-3～5は、右砲塔にそれぞれ12.7mm機関銃、27mm砲、37mm砲を装備し、A-4とA-5は歩兵支援戦車であった。他に火炎放射器を搭載したOT-26、OT-133、OT-134や、無線機の搭載、装甲強化等の改良が施された派生型が生産された。

このように、1931年の生産開始から、各種の改良を経ながら1940年まで生産され、シリーズ全車で1万2000輌が造られた。これは当時の世界最多で、他を圧倒する数字であった。なお、実戦には、スペイン内乱、ノモンハン事変、独ソ戦などで投入されている。

30年代に大量生産された豆戦車
T-27/T-27A 軽戦車

DATA
採用:1931年　重量:2.7t　全長:2.6m　全幅:1.83m
全高:1.44m　エンジン:水冷4気筒ガソリン40hp　武装:
7.62mm機銃　最大速度:42km/h　乗員:2名

モスクワ郊外のクビンカ戦車博物館に展示されているT-27。
© Saiga20K

カーデン・ロイドMk.Ⅵ豆戦車に、車室後部の延長や上部構造の幅の拡大などの改良が施された、ライセンス生産型の豆戦車。装甲カバーを装着することによって、防御力も高められている。

生産型が3種類あり、そのうちのA型とB型は車体の内外にも改良が加えられていた。また、実用化はされなかったが、大型爆撃機に空挺戦車として搭載する実験も行われた。ソ連機甲部隊の創設期に重要な役割を果たしたが、やがて武装や機動性により優れた大型戦車の登場によって、第一線からは引いていく。その後は訓練用や牽引車輌として使用された。1941年までに4000輌以上が生産されている。

第5章 ソ連・ロシアの戦車

スペックに優れるも実戦投入されず
T-24中戦車

DATA

生産:1931年 重量:18.5t 全長:6.5m 全幅:2.81m
全高:3.04m エンジン:ガソリン300hp 武装:45mm砲、7.62mm機銃 最大速度:22.5km/h 乗員:3名

生産数はわずかながら、その枠組みは砲兵トラクター開発に受け継がれた。

　MS系戦車の後継車として1930年頃に開発が始まり、翌年に完成。T-12を原型とし、多くの改良が盛り込まれた。ルノーNC-27と同じサスペンションを流用していたものの、20mmの装甲厚を持ち、45mm戦車砲を装備するなど武装にも優れていた。しかし、設計上の機械的欠陥があり、生産は25輌にとどまっている。同時期に、主力戦車としてBT系の戦車が生産されていたことの影響も大きい。車輌は訓練や軍事パレードに使用されたが、実戦への投入には至っていない。

　なお、T-24自体は少数の生産に終わったが、シャーシを利用してソ連初の本格的な砲兵トラクターが大量に生産された。

ソ連初の多砲塔戦車
T-28中戦車

DATA
採用:1932年 重量:25.2t 全長:7.36m 全幅:2.87m
全高:2.62m エンジン:水冷12気筒ガソリン500hp 武装:76.2mm砲、7.62mm機銃×3 最大速度:37km/h
乗員:6名 ※データは1933年型

世界最多の生産数を誇る多砲塔戦車T-28。
©Methem

ソ連初の多砲塔戦車として、1930年代の初めから、イギリス製のインデイペンデント多砲塔戦車を参考に、T-35と並行して開発された。

1932年に試作車が、翌年2月には改良を加えた増加試作車が完成している。中央の主砲塔には76・2mm砲を備え、前方には副機銃塔2基を装備。砲塔はT-35と同じものが使用されており、サスペンションはヴィッカース中戦車の縦置きスプリング式を模倣していた。

8月にT-28として制式化され、生産開始。1940年までに合計503輌が生産されたが、これは多砲塔戦車としては世界最多となる。

第5章 ソ連・ロシアの戦車

水陸両用の偵察用小型戦車
T-37水陸両用軽戦車

多くの派生型を生んだT-37。写真は初期生産型。
© Bukvoed

DATA
採用:1933年 重量:3.2t 全長:3.73m 全幅:1.94m
全高:1.84m エンジン:水冷4気筒ガソリン40hp 武装:7.62mm機銃 最大速度:40km/h(陸上) 乗員:2名

イギリスから購入したカーデン・ロイド水陸両用戦車をベースに開発された偵察用小型戦車。試作車はT-33と呼ばれていた。水上ではスクリューで推進力を得ている。

T-33に車体を増すなどの変更を施し、T-37として制式採用となったが、生産開始直後に銃塔のハッチ周りなどに改良が加えられ、T-37Aとなった。なお、T-37Aではバルサ材のフロートは装着していない。指揮戦車仕様で無線装置を搭載していたT-37V型、最終生産型のT-37M等の派生型があった。生産コストが低いこともあり1936年に生産中止になるまで2500輌が作られ、1942年まで配備された。

ソ連初の国産戦車 T-35重戦車

1930年代初頭、世界大恐慌によって各国が軍事費を削減するなか、「第一次五カ年計画」によって恐慌と無縁だったソ連は、多砲塔戦車の開発に着手した。大型と中型の開発が並行して進められ、中型戦車はT-28となったが、大型戦車は1932年に試作初号機が完成、T-32重戦車として少数が生産された。イギリスのインディペンデント戦車の影響を強く受けており、サスペンションは装甲スカートで覆われ、主砲塔を中心に砲塔は5基が搭載されていた。76.2mm砲を搭載した主砲塔を車体の中心に設け、主砲塔の周囲に小型砲塔が4基設置、右前部と左後部の砲塔には37mm

DATA

採用：1933年　重量：50t　全長：9.72m　全幅：3.20m　全高：3.43m　エンジン：水冷12気筒ガソリン500hp　武装：76.2mm砲、45mm砲、7.62mm機銃×6　最大速度：28.9km/h　乗員：10名　※データは1933年型

第5章　ソ連・ロシアの戦車

史上初の国産戦車だが、時代は単砲塔戦車へと移っていった。

砲が、左前部と右後部の砲塔には7・62mm機銃が、それぞれ装備されていた。

T－32の後継車がT－35重戦車で、基本的には同じ仕様だが、エンジンの出力を高くし、装甲厚は増大された。また、装甲スカートの軽量化、弾薬庫の拡大、無線装置の搭載も行われている。

当時のソ連は軽戦車や中戦車が主力だったため、約30輌と生産数は少なかったが、5砲塔型の多砲塔戦車では、史上唯一量産された型である。その後、副砲塔の37mm砲が45mm砲となった他、火炎放射器を搭載した車輌もごく少数あった。また、後期生産型（1938年型）の主砲塔は、円錐台形のものが搭載されている。

1941年6月のドイツ軍侵攻開始時に実戦投入されたが、機動力に劣り、装甲が貧弱で、敵の攻撃を容易に受けやすいなど欠点も多く、多くの車輌が破壊されたり、破損したりした。このT－35以降、多砲塔の重戦車は時代遅れだという認識が広がり、単砲塔が主流となっていく。

T-37の後継車輌
T-38軽戦車

DATA
生産：1936年　重量：3.3t　全長：3.78m　全幅：2.23m
全高：1.63m　エンジン：水冷4気筒ガソリン40hp　武装：
7.62mm機銃　最大速度：40km/h（陸上）　乗員：2名

T-37と外見は変わらないが、走行性能は向上した。
© VT1978

T-37Aの車体を低くして水上安定性を増し、機構や変速機などにさまざまな改良を施した水陸両用戦車。1936年2月末から生産が開始された。砲塔とエンジンの配置が逆になり、操縦手がエンジンの前に位置している。また、エンジンと操行系が改良され、サスペンションの柔軟性が増し、路外走行性能も向上しているが、外見は大きくは変わっていない。

ノモンハン事件、東部ポーランド侵攻や独ソ戦、冬戦争に参加したが、装甲や武装が劣悪で機動力にも欠け、大きな活躍はできなかった。派生型として、より出力の高いエンジンを搭載して細部を変更したT-38M2があり、合わせて1340輌が生産されている。

第5章 ソ連・ロシアの戦車

装輪装軌併用の高速戦車
BT-2中戦車

DATA
採用：1931年　重量：11t　全長：5.5m　全幅：2.23m
全高：2.16m　エンジン：水冷12気筒ガソリン400hp　武装：37mm砲、7.62mm機銃　最大速度：52km/h（装軌時）
乗員：3名

車輪と履帯の両方で走る機動性ながら、雪道には弱かった。

BTとは「Быстроходный танк」の頭文字で、ロシア語で「素早い戦車」「快速戦車」を意味している。もとはアメリカ陸軍でクリスティーが開発した高速戦車クリスティーM-1930を、ライセンス生産権とともに購入したのが始まりで、BT-1の名が付された。BT-2はその発展型として量産され、仕様はほぼ同じだが、武装や装甲が強化され、重量が11tになっている。

最大の特徴は、車輪でも履帯でも走行可能な装輪装軌併用式戦車であることだが、実戦投入された冬戦争（フィンランド戦争）では、雪原や滑りやすい路面で機動性を発揮できなかった。また全体がリベット接合構造となっており、装甲も弱かった。

BT-5中戦車

BT戦車の代表的存在

BT戦車は、「BT」の愛称形「ベテーシュカ」や卑称形「ベートカ」と呼ばれていた。BT-5は、BT-2にさまざまな改良を加えた後継車。武装や装甲が強化され、デザインもよりリファインされたものになっているが、BT-2と同様に履帯を外して道路上を車輪で走行することが可能であった。砲塔内部の容積増大のために、後方に向かってバスルと呼ばれる張り出し部が付けられているのも特徴で、弾薬等が収納された。また、異物混入防止用の金網製カバーが、機関室グリル上に装着されていた。小型すぎたBT-2の砲塔に代わって、T-26

DATA

採用：1932年　重量：11.5t　全長：5.5m　全幅：2.23m　全高：2.20m　エンジン：水冷12気筒ガソリン400hp　武装：45mm砲、7.62mm機銃　最大速度：52km/h（装軌時）　乗員：3名

第5章　ソ連・ロシアの戦車

BTシリーズの代表戦車は後方の張り出し"バスル"が特徴。

と共通の45mm砲装備の新砲塔が搭載されている。

ただし、生産開始直後にさらなる改良型砲塔が開発されたため、初期生産車以外は改良型砲塔を搭載している。なお、最初の砲塔は円筒形でハッチも1枚だったが、改良型はバスルの大型化で馬蹄形になり、ハッチも2枚式となっている。

また、無線装置をバスルに搭載し、フレーム型アンテナを砲塔周囲に設置したBT-5TU（指揮戦車）も生産されたが、外観から瞬時に指揮官用と判別できてしまったため、ノモンハン事件では最初に攻撃目標にされてしまった。他に派生型として、45mm砲の代わりに76.2mm榴弾砲を搭載した近接支援戦型のBT-5Aや、火炎放射戦車などが開発されたが、試作のみにとどまった。

スペイン内戦やノモンハン事件、ポーランド侵攻、冬戦争等に投入されたが、1941年のドイツ軍侵攻時には容易に撃破されてしまう。その後も一部で使用されていたが、T-34が登場すると、ほぼその姿を消すこととなった。

BTシリーズの集大成
BT-7中戦車

DATA
採用：1934年　重量：13.8t　全長：5.66m　全幅：2.29m
全高：2.42m　エンジン：水冷12気筒ガソリン　武装：45mm砲、7.62mm機銃×2　最大速度：52km/h(装軌時)
乗員：3名　※データは1937年型

装甲厚アップにジェットエンジン搭載のBTシリーズ最高傑作。
©Tygydymhorse

BT-5の改良型で、BT高速戦車の集大成。1934年に試作車が完成し、量産型は1935年型として配備された。BT-5との違いとしては、それまでリベット留めだった車体の結合が溶接結合となったことが大きい。そのために車体前端部の形状が湾曲したものになっている。その他には、前面装甲厚が増され、より出力の高い航空機用のエンジンを搭載し、クラッチとブレーキも新型となった。また、後期型のBT-7-2（1938年型）は、砲塔が円錐台形の新型になっており、砲塔に機銃を増設した改良型もあった。他に、指揮車型のBT-7TU、近接支援型のBT-7A等の派生型もあった。

第5章 ソ連・ロシアの戦車

BT戦車を継ぎT-34の原型となる
T-32中戦車

DATA
完成:1939年 重量:19t 全長:5.44m 全幅:2.7m 全高:2.39m エンジン:ディーゼル450hp 武装:76.2mm砲、7.62mm機銃×2 最大速度:61.1km/h 乗員:4名

右からT-34（1941年型）、T-34（1940年型）、A-20、BT-7M。T-32はT-34とA-20に近いデザインだ。

　BT戦車の後継としてまず製作されたのは、新たにクリスティー型サスペンションを採用した装輪装軌併用式戦車のA-20中戦車だったが、試作車のみに終わった。続いてA-30、A-32と試作され、後者がT-32として採用された。

　T-32は履帯の幅が広げられ、車体の形状も改良された。砲塔の拡大により、76.2mm砲を搭載することも可能となっている。また、履帯走行時の操作性の安定を図り、ステアリング・ホイールではなくレバー操作による制動操行式となった。T-32は、装甲の強化が必要との判断から量産化はされずに終わったが、第二次世界大戦中にソ連軍の中核を担うことになるT-34の原型となった。

T-34中戦車

「祖国」の愛称を持つソ連の傑作戦車

ソ連が誇る傑作戦車。BTシリーズの流れを継ぎ、T-32試作車をベースとして開発され、1940年に生産が開始された。BT戦車が防御力に劣っていたことに鑑み、後継車のT-32と比べても装甲厚が増され、避弾経始を考慮した傾斜が付けられた。また、砲塔が溶接接合式になるなど、多くの改良が施されている。BTシリーズと同じクリスティー式サスペンションが使用され、履帯はソ連国内での戦闘に適した幅広のものとなった。主砲も強化され76・2mm砲が標準となったため、T-34-76とも呼ばれている。初期生産者が短砲身砲だったのを除き、ほと

DATA

採用：1939年　重量：26t　全長：5.92m　全幅：3m　全高：2.41m
エンジン：水冷12気筒ガソリン500hp　武装：76.2mm砲、7.62mm機銃×2　最大速度：55km/h　乗員：4名

第5章 ソ連・ロシアの戦車

ドイツによる捕獲を経てアメリカに渡ったT-34-76（1941年型）。アメリカ陸軍兵器博物館蔵。

　T-34は、攻撃力、機動力ともに当時の戦車のなかで最優秀といっていい性能で操作や整備も容易で、第二次世界大戦中のソ連軍の主力戦車になった。生産工場の違いや改良を重ねたことから、生産型や派生型も数多い。また、多くの国に輸出され、各国の戦車に影響を与えた。

　1940年6月に本格的な生産が開始され、1941年6月にバルバロッサ作戦が開始されてドイツ軍がソ連を奇襲攻撃した際に、初めて実戦投入された。この時点での台数は少ないものだったが、戦車工場をウラル山脈へ疎開するなどして、増産体制に入り、ドイツ軍に「T-34ショック」と呼ばれるほどの衝撃を与えたという。

　T-34はその貢献度の高さから、「祖国」という意味の「ロジーナ」という愛称で呼ばれたほどであった。生産性が高かったのも特徴で、次項のT-34-85を除き、初期型は1944年までに3万4780輌が生産されている。

T-34-85中戦車

ナチス軍と戦った戦車は今世紀も現役

独ソ戦において猛威をふるったT-34-76中戦車だったが、1942年も半ばを過ぎた頃になると、ドイツ軍がティーガーやパンターといった装甲を強化した新型戦車を開発し、76.2mm砲では通用しなくなっていく。そのため、1943年半ばから、85mm高射砲を備えた改良型の開発が始まった。新型戦車は武装が強化された他、砲塔が従来の2人式から3人式となり、車長が砲手等を兼任せず指揮に専念できるようになっている。また、3人が乗る必要があることから砲塔が大きくなり、車体の砲塔リングの直径も拡大された。

こうして、12月に制式化されたT-34/85だつ

DATA

採用：1944年　重量：32t　全長：8.1m　全幅：3m　全高：2.72m　エンジン：水冷12気筒ガソリン500hp　武装：85mm砲、7.62mm機銃×2　最大速度：55km/h　乗員：5名　※データは1944年型

第5章　ソ連・ロシアの戦車

生産数は2万輌以上、ソ連軍の中核を担った。
© Antonov14

たが、それでもティーガーやパンターと比べて性能が勝っているわけではなかった。しかし、ソ連側は増産を重ねることで、ドイツの戦車をはるかに上回る生産量となり、数で圧倒することで反撃の契機をつかむことに成功した。

生産数は1946年までに2万5899輌にも及び、後継車であるT-54中戦車の制式採用まで、ソ連軍の中核戦車となった。

T-34-76と同じく、生産型や派生型は数多く、国内・海外を問わない。1960年代後半には、T-54／55のドライブトレインを使用することで、T-34／85Mとして輸出用や予備役用となっている。ポーランドやチェコスロバキアではライセンス生産され、戦後は旧東欧諸国を中心とした多くの国に輸出されている。朝鮮戦争や中東戦争、ベトナム戦争等の他、ボスニア・ヘルツェゴビナ紛争やレバノン内戦などでも使用されている。今世紀に入ってからも、北朝鮮やスーダンはじめ、使用例は少なくない。

水陸両用戦車の集大成
T-40水陸両用軽戦車

DATA
採用：1940年　重量：5.5t　全長：4.11m　全幅：2.33m
全高：1.91m　エンジン：水冷6気筒ガソリン85hp　武装：
12.7mm機銃、7.62mm機銃　最大速度：45km/h（陸上）
乗員：2名

クビンカ戦争博物館に展示されている20mm機関砲搭載のT-40S。
© Saiga20K

T-37AやT-38系といった水陸両用戦車を積極的に開発してきたソ連だが、1938年から開発が始まったT-40は、その集大成的な車輌だといえる。T-30をベースに改良されており、生産効率をあげるため自動車用部品が多く流用されている。浮力タンクが車体内部に組み込まれ、ソ連の軽戦車では初めてトーションバー式サスペンションを装着していた。車体先端が角張った形状が滑らかで、折りたたみ式トリムベーン（波切板）を装着したT-40Aがある。

また、1941年6月のドイツ軍侵攻開始時には、水上走行装置を外したT-40Sが、通常の偵察軽戦車として投入されている。

第5章 ソ連・ロシアの戦車

少数生産に終わった歩兵支援用戦車
T-50軽戦車

DATA
生産：1941年　重量：14.5t　全長：5.2m　全幅：2.45m
全高：2.17m　エンジン：水冷6気筒ディーゼル300hp
武装：45mm砲、7.62mm機銃×2　最大速度：50km/h
乗員：4名

砲塔は鋳造で、キューポラが備えつけてある。
©Levg

歩兵支援用であるT-26の後継車として開発された軽戦車。装甲厚が増され、形状も改良されたことで、従来の軽戦車と比べ防御力を高めた支援戦車となった。一方機動力の向上を目指し軽量化が行われ、最大速度は50km/hに達した。また、鋳造砲塔が備えられ、砲塔の上面後部には車長用キューポラが設置された。

T-40にも装備されていたトーションバー式サスペンションを備えており、ディーゼル・エンジンも搭載されたが、大量生産するには構造が複雑すぎるものになってしまった。独ソ戦争による工場の疎開もあって、65輌のみの生産にとどまり、配備されたものもごく少数に終わっている。

KV-1重戦車

T-34とともにソ連軍の中核となった重戦車

　バルバロッサ作戦によって緒戦で優位に立ったドイツ軍に対し、T-34中戦車とともに反撃の中心となった戦車。KVは、当時のソ連国防相クリメント・ヴォロシーロフの頭文字である。

　多砲塔重戦車T-35の後継車として開発が開始されたが、スターリンが多砲塔に対して懐疑的な見解を持っていたため、単砲となった。1939年の夏までに試作車が完成したが、このとき、SMK、T-100と名付けられた戦車の試作車もともに完成しており、試験の結果、KV-1がもっとも優れていると判断された。もっとも、同時期に開発されている両車とは部品等の共通点が多い。

DATA

採用：1939年　重量：43t　全長：6.75m　全幅：3.32m　全高：2.71m　エンジン：水冷12気筒ガソリン550hp　武装：76.2mm砲、7.62mm機銃×3　最大速度：35km/h　乗員：5名　※データは1940年型

第5章 ソ連・ロシアの戦車

単砲塔となったのはスターリンの意向だった。
©Pitkäkaula

初期型は30・5口径の76・2mm短砲身砲を搭載しており、溶接砲塔と鋳造防盾を採用している。サスペンションはトーションバー式で、燃費がよく火炎瓶攻撃に強いディーゼルエンジンを搭載していた。装甲厚は75mmで当時としては群を抜いており、ドイツ軍の攻撃をすべて跳ね返す姿は「怪物」と呼ばれた。だが、KV-1の欠点は、40tを超える重量にあった。クラッチとトランスミッションにかかる負荷は大きく、戦闘よりも故障による損失の方が多いほどだった。また、行軍時に道路や橋に損傷を与え、他の戦闘車両の通行を妨げることも問題だった。装甲が強化される後期の生産型ほどこれらも問題も深刻化し、1942年には軽量化を図ったKV-1Sが開発されている。また、他にも後期型では主砲塔がより強化されていたりするなど、時期により細部に違いがあり、派生型も多い。1939年12月の制式化から1943年までに4749輌が生産され、ソ連軍の中核を担う戦車となった。

KV-2重戦車

「ギガント（巨人）」と恐れられた巨大戦車

KV-1をベースとして、大口径榴弾砲を搭載した火力支援戦車。1939年12月にフィンランド軍に対する前線からの要請があり開発が開始されたが、1940年1月には早くも試作車が完成している。車体は開発された直後のKV-1のものが用いられたが、152mm榴弾砲を搭載するために非常に背が高い大型の砲塔が新たに設計されている。試作された2輌はすぐに前線に送られ、152mm榴弾砲が期待に応えて威力を発揮するとともに、フィンランド軍の砲弾48発を弾き返す防御力をも見せつけ、制式採用が決まった。試作車と増加試作された3輌は、すべて平面の

DATA

生産：1940年　重量：52t　全長：6.95m　全幅：3.32m　全高：3.24m　エンジン：水冷12気筒ガソリン600hp　武装：152mm榴弾砲、7.62mm機銃×3　最大速度：26km/h　乗員：6名

第5章　ソ連・ロシアの戦車

火力と装甲アップを目指した結果、重量も増加した。
©Gandvik

装甲板による七角形の砲塔を搭載していたが、量産のために簡略化された砲塔は六角形のもので、途中でカーブした一枚板の装甲となった。

火力と装甲に非常に優れていたKV-2だが、重量はKV-1よりさらに重くなり、信頼性や機動力といった欠点は解消されなかった。さらに、ターレットリング径はKV-1と同じであったため、大型化した砲塔を支えるのが難しく、手動で行われる旋回は、車体が少し傾斜しただけでもままならなくなった。また、その巨大な外観は遠方からも発見されやすいなど、扱いが困難で運用上の制約が多いため、使用できる作戦も限られていた。

とはいえ、その装甲の強固さは特筆すべきで、フィンランド戦を経て独ソ戦に投入された車輌は、ドイツ軍をも大いに手こずらせている。生産は1942年まで続けられ、試作車を含み436輌が完成した。ドイツ兵からは恐れを込めて「ギガント（巨人）」、ソ連兵からは親しみを込めて「ドレッドノート（戦艦）」と呼ばれている。

T-60軽戦車

偵察用ながら前線を支えた軽戦車

水陸両用型のT-40から浮航機能を排した試作車のT-40Sを原型に、陸上専用として1940年に開発された。設計はT-40とほぼ同じで、同じサスペンションを装着している。装甲厚も35mmに強化されたが、重量はT-40よりわずかに軽くなっている。生産力の向上も図られ、平面装甲板を溶接した単純なスタイルになっている。砲塔を左側に置き、砲塔の反対側にエンジンを配置する左右非対称な形状となった。車体前面には強い傾斜角がつけられ、操縦室が中央部に設けられている。1941年半ばに制式化されたが、生産開始直

DATA

採用：1941年　重量：6.4t　全長：4.1m　全幅：2.39m　全高：1.75m
エンジン：水冷6気筒ガソリン85hp
武装：20mm機銃、7.62mm機銃
最大速度：45km/h　乗員：2名
※データは1941年型

第5章 ソ連・ロシアの戦車

火力・装甲ともに貧弱だったが、大量生産され大戦初期のソ連軍を支えた。
©Balcer

前にドイツ軍が侵攻してきたため、予定よりもわずかに遅れる7月からの生産となった。また、ドイツ軍への対応を急ぐ必要から、最初から1万輌の生産が命じられている。また、本来は偵察用に開発されたものであったにも関わらず、T-34やKVの数が揃うまでは攻撃用に用いられ、多くが容易に撃破されながらも、前線を支え続けた。

1941年に生産された車輌は転輪にスポーク式を用いており41年型と呼ばれているが、1942年生産分の42年型では、転輪はソリッド式に変わり、出力向上型のエンジンが使用されている。また、42年型でも後期生産車では装甲厚が強化されている。1942年前半には、前面の装甲厚が増され、転輪が円盤型になった改良型のT-60Aが出ている。

敵味方双方から低い評価しか得られなかったT-60だが、車体の小ささを生かした奇襲等の作戦で戦果を収めたこともある。1942年までに6292輌が生産された。

T-70軽戦車

軽戦車としては優秀だが砲撃戦では苦戦

装甲と火力というT-60の弱点を補うために開発された軽戦車で、自動車工場で大量生産することができるよう設計された。

装甲厚は増され、火力を強化するために20mm機関砲に替えて45mm砲を装備している。しかし、このために大型化した砲塔は重量が倍近くになってしまい、機動性が損なわれる恐れも出てきた。そこで、出力を大幅に上げるために、エンジンが1基だったT-60に対し、左右の履帯に各1基が搭載される構造となった。もっとも、トラブルが多発したため、2カ月後に開発されたT-70Mでは、左右の2基をタンデム配置にして1基のエンジン

DATA

採用:1942年 重量:9.8t 全長:4.29m 全幅:2.42m 全高:2.04m エンジン:水冷6気筒ガソリン×2 140hp 武装:45mm砲、7.62mm機銃 最大速度:45km/h 乗員:2名 ※データはT-70M

第5章　ソ連・ロシアの戦車

生産が容易であったことから実戦投入された軽戦車T-70。
©ShinePhantom

のように動かす方式に変わっている。また、操縦士用のハッチと砲塔ハッチには新型の旋回式ペリスコープが備えられ、履帯は260mmから300mmに幅を増している。

その外観は、ベースになったT-60よりもT-34に類似したものとなり、ドイツ軍の誤認も多かったという。

軽戦車としては高いスペックを持つT-70だったが、中戦車や重戦車相手には見劣りがするのは否めず、前線での評価は芳しくなかった。しかし、実戦には大量に投入され、独ソ戦中期の主要な戦場で戦闘に参加した。また、T-70のシャーシを利用して自走砲SU-76が開発され、その改良型であるSU-76Mは大戦終盤に大量生産されて活躍する姿を見せている。

1942年春に生産がスタートし、約2カ月でエンジンが強化されたT-70Mに移行しているが、1943年10月に生産終了となるまでに合わせて8226輌が生産されている。

トラクターを改造した急造戦車
オデッサ戦車

DATA
生産:1941年　重量:7t　全長:4.2m　全幅:1.9m　全高:2.4m　エンジン:―　武装:7.62mm機銃など　最大速度:20km/h　乗員:2〜3名

トラクターを改造して出来たため、個性的な外見になった。

バルバロッサ作戦において、ドイツの同盟国ルーマニアの攻撃を受けて包囲されたオデッサでは、足りない戦車の数を補うために、急遽トラクターを改造して戦車が造られた。それがこのオデッサ戦車で、NI戦車とも呼ばれている。

当時もっとも普及していたSTZ-5トラクターの車体にゴム板や木板をボイラー用鉄板で挟んだものを装甲板として取り付け、機関銃塔や、37mm砲、45mm対戦車砲など、それぞれ異なる兵器が搭載され、68輌が生産された。

もちろん、まともに戦闘は行えなかったが、敵に警戒心を抱かせ、攻撃を控えさせる効果はあったという。その後の消息は不明だが、本物と伝わる物も現存している。

第5章 ソ連・ロシアの戦車

性能は上がったが生産は少数に
T-80軽戦車

DATA
採用:1943年 重量:11.6t 全長:4.29m 全幅:2.5m
全高:2.17m エンジン:水冷6気筒ガソリン170hp 武装:45mm砲、7.62mm機銃 最大速度:45km/h 乗員:3名

T-70にキューポラを増設して砲塔を改良。
©Saiga20K

　T-70をベースに、車体に増加装甲を溶接し、幅が広く装甲が強化された新型砲塔を搭載し、キューポラが新しく設けられている。この新型の砲塔は従来より仰角を大きく取れるようになり、対空射撃や建物の高所への射撃が可能となったものであった。履帯幅も拡大され、砲塔が大型化されたことで乗員数も増えている。

　しかし、アメリカからレンドリース法によって半装軌式車輌が供与されると、これに取って代わられてしまう。また、新たな軽戦車の量産よりも、過去の軽戦車のシャーシを流用した自走砲の生産に重きが置かれるようになったこともあり、1944年まで配備されたが、製造は少数にとどまっている。

スターリン戦車の第1弾
IS-1（IS-85）重戦車

1943年にドイツのティーガー重戦車に対抗するため、KV重戦車をベースに開発されたもの。試作されたが採用されずに終わったKV-13をベースに、より大型の砲塔を搭載し、口径の大きな砲を装備した新型戦車。IS-1またはIS-85という名称は、「ヨシフ・スターリン（Iossif Stalin）」の頭文字から取られており、このためスターリン戦車とも呼ばれた。これには、かつて「KV」重戦車の由来となったクリメント・ヴォロシーロフの失脚という事情も反映されている。

車台はKVと同じものを使っていたが、大型の砲塔を搭載するために上部構造が履帯の上に張り

DATA

採用：1943年　重量：44.2t　全長：8.56m　全幅：3.07m　全高：2.74m　エンジン：水冷12気筒ディーゼル600hp　武装：85mm砲、76.2mm機銃×2　最大速度：37km/h　乗員：4名

第5章　ソ連・ロシアの戦車

装甲と火力が強みのKVを参考に、より機動性が求められた。

出していた。主砲は高射砲をベースにした長砲身の85mm砲を搭載している。また、KV重戦車が重量化によって機動性を失った反省から、45t以下に収まるように重量制限がされた。

なお、生産開始に先立つ1943年7月から8月にかけて、独ソ戦最大の攻防となったクルスクの戦い（クルスク戦車戦とも）が行われ、双方合わせて兵員210万人・戦車・自走砲6600輌が参加している。なかでも、プロホロフカの戦いでは激しい戦車戦が行われ、ソ連軍はより強力な戦車の必要性を感じることとなった。

IS-1は1943年10月から生産が始まったが、クルスクの戦いの教訓や、同じ85mm砲を装備するT-34-85中戦車が完成したことから、主砲を122mmカノン砲とするIS-2の開発がわずか15日後に決定され、生産は少数にとどまった。また、100mm砲が搭載されたIS-100という型も開発されたが、こちらもごく少数の生産に終わっている。

IS-2重戦車

連合国側屈指の威力を持つ重戦車

ドイツ軍のティーガーを打ち破るべく開発されたIS-1だったが、捕獲したティーガーIを調査した結果、85mm砲で装甲を貫通するには、相手の射程内まで近づく必要があることが判明した。このため、より強力な122mmカノン砲を装備した戦車が開発されることになった。なお、この際、もとはそれぞれ「IS-85」「IS-122」と呼称されていたのが、防諜上の理由によって「IS-1」「IS-2」へと変更されるという経緯があった。

122mm砲の榴弾の攻撃力は抜群で、ティーガーやパンターの装甲を遠方からでも貫通するこ

DATA

生産:1943年 重量:46t 全長:9.9m 全幅:3.07m 全高:2.74m エンジン:水冷12気筒ディーゼル600hp 武装:122mm砲、12.7mm機銃、7.62mm機銃×2 最大速度:37km/h 乗員:4名

226

第5章 ソ連・ロシアの戦車

主砲の貫通度を向上させるため122mmカノン砲を装備。

とが可能であった。また、貫通にまで至らない場合でも、榴弾の爆発で損傷を与えることができた。

IS-2はベルリン攻城戦などに投入されて活躍を見せており、第二次世界大戦における連合国側屈指の威力を持つ重戦車だといえる。

欠点としては、車体をコンパクトにまとめたことによって車内容積に余裕がなくなり、操作性が悪く、装填作業などによる乗員の疲労感が大きくなったことがあげられる。搭載できる弾数も、28発と少なかった。発展型として、避弾経始の向上のために車体形状を改良したIS-2Mも開発された。この型では、IS-2ではほぼ垂直だった戦闘室前面が、なだらかなスロープ状となり、狙われやすく弱点となっていた操縦手バイザーも形状を変えることで改善されている。

IS-1から間を置かない1944年1月から生産が開始され、2250輌が生産された。戦後は東欧諸国や中国など共産圏の各国へと供与され、長く使用されている。

扁平な形が特徴のIS戦車
IS-3重戦車

DATA
採用：1944年　重量：45.8t　全長：10m　全幅：3.07m
全高：2.44m　エンジン：水冷12気筒ディーゼル600hp
武装：122mm砲、12.7mm機銃、7.62mm機銃　最大速度：
40km/h　乗員：4名

扁平な砲塔は当時の世界最先端であった。
©Lvova

ティーガーIからさらに強力になった、ドイツ軍のティーガーIIに対処するために急遽開発された重戦車。

避弾経始を考慮した車体は鋭角的な形状に設計され、斜面は二重装甲となり防御力が高まっている。また極端に扁平な形の砲塔も特徴的で、当時最先端のスタイルは各国の戦車開発に影響を与えている。

1944年末に生産開始され1951年までに2311輌が生産されたが、大戦中は実戦に投入されていない。

なお、装甲やエンジンの改修が行われたIS-3Mは売却先のエジプトにおいて第三次中東戦争に投入されており、ソ連でも1970年代まで配備されていた。

第5章 ソ連・ロシアの戦車

随所に工夫も高コストがネックに
IS-4重戦車

DATA
採用：1947年　重量：60t　全長：9.79m　全幅：3.26m
全高：2.48m　エンジン：水冷12気筒ディーゼル750hp
武装：122mmライフル砲、12.7mm機銃×2　最大速度：43km/h　乗員：4名

操砲性向上のため重量が上がった。
© VORON SPb

IS-2をベースに車体を延長、転輪数を増やし、出力を強化したエンジンを搭載、最大装甲厚を250mmとした重戦車。武装は従来のIS重戦車と同じ122mm砲だが、旋回や俯仰を電動モーターで行った。また、それまでソ連重戦車の多くに課せられていた45t以下という制限の廃止で戦闘室の容積が増し、操砲性が向上している。

このように操砲性向上の工夫がなされたが、その重量のために取り扱いは困難なままであった。IS-3の3倍近い高コストもネックで、250輌の生産にとどまった。大戦中は実戦投入されず、朝鮮戦争時の配備でも実戦の記録はない。

対ティーガー用の自走砲
SU-85駆逐戦車

DATA
採用：1943年　重量：29.2t　全長：8.15m
全幅：3m　全高：2.45m　エンジン：水冷12気筒ディーゼル500hp　武装：85mm砲
最大速度：47km/h　乗員：4名

展望塔を上面に備え、武装はティーガー同様の85mm砲。

この時期のソ連の他の戦車と同じく、ドイツのティーガーに対抗する目的で、新型戦車と並行して開発された自走砲。T-34をベースとしたSU-122に、85mmD-5砲を搭載する形で試作され、基本的にはSU-122を踏襲しているが、戦闘室の上面に新たに展望塔が設置されている。なお、85mmD-5砲は高射砲として開発されたものを車輌搭載型にしたもので、これはティーガーと同じであった。

搭載予定のD-5砲の生産が遅れたために、生産が開始されたのは8月からで、翌44年までに2050輌が完成したが、同年には同じ85mm砲を装備するT-34-85が実戦化されていた。

第5章 ソ連・ロシアの戦車

駆逐戦車シリーズの集大成
SU-100駆逐戦車

DATA
生産：1944年　重量：31.6t　全長：9.45m　全幅：3m
全高：2.25m　エンジン：水冷12気筒ディーゼル500hp
武装：100mm砲　最大速度：48km/h　乗員：4名

長砲身の100mm戦車砲D-10SはSU-85を上回る実力。

開発は、1944年にウラル重機製作所において始まっている。

主砲に採用された長砲身の100mm戦車砲D-10Sは艦砲を車載型に改造したもので、その威力はSU-85を上回るものだった。

車台や戦闘室はSU-85を踏襲しているが、主砲の変更に合わせてマウントと防盾が新しいものになっている他、戦闘室右前部に張り出しを設けて車長用のキューポラを新設するなど若干の変化が見られる。また、弾薬の大型化に伴い搭載数が減少している。

1675輛が生産され、1945年1月のオストプロイセンやハンガリーへの侵攻作戦から実戦に投入されている。

性能は悪くなかった中継ぎ戦車
KV-85重戦車

DATA
生産：1943年　重量：46t　全長：8.49m　全幅：3.25m
全高：2.53m　エンジン：水冷12気筒ディーゼル600hp
武装：85mm砲、7.62mm機銃×3　最大速度：35.4km/h
乗員：4名

軽量化で防御力は低下したが砲塔は大型化して威力はアップ。

KV-1Sの車体を改修し、鋳造砲塔を搭載して85mm砲を装備した重戦車。砲塔が大型になったため、砲塔リングも拡大され、車体上部に張り出しが設けられた。また、後期生産型では無線機が砲塔に移動したため、車体前方の機関銃が固定式になり、無線手兼機関銃手がいなくなっている。

軽量化のために装甲厚を薄くしたことで防御力が低下してしまっていたとはいえ、悪くないスペックを持っていたKV-85だが、ティーガーやパンターと互角に戦うことは難しく、IS-1やT-34-85が登場するまでの繋ぎの役割が大きかった。同年秋までに130輌（143輌の説もあり）が生産され、戦線に投入されている。

第5章 ソ連・ロシアの戦車

T-54の基礎となった戦車
T-44中戦車

DATA
採用：1943年　重量：31.8t　全長：7.65m　全幅：3.1m
全高：2.4m　エンジン：水冷12気筒ディーゼル520hp
武装：85mm砲、7.62mm機銃×2　最大速度：51km/h
乗員：4名

新奇なデザインは新時代の戦車に受け継がれた。

1943年の末に、T-34の後継戦車として、同車の設計主任技師であったA・モロゾフによって開発が始まった。車体はコンパクト化され、車体が浅くなっている。サスペンションはクリスティー式より安定性に優れたトーションバー式になり、エンジンは横置きになるなど、中戦車の設計としては新奇なものだった。

砲塔はT-34-85をベースに改良したもので、主砲は85mm砲だったが、後期型は100mm砲に変更され、122mm砲の搭載も試されている。1945年初めから配備され、47年までに1823輌が完成したが、実戦投入はされなかった。T-54が登場するとお役御免となった。

233

T-54／55中戦車

冷戦期のソ連の代表的な主力戦車

1946年に制式化した中戦車。ソ連にとって初の主力戦車ともなっており、1947年から生産が開始されている。軽量ながら砲身56口径100mm砲D-10Tを搭載していることが特徴だ。
T-54は大別すると3つのタイプに分類される。
1947年生産の最初の型はT-54-1と呼ばれ、1948年から1950年にかけて生産された T-54-2は、防盾が「豚の鼻」と呼ばれる独特の形になり、砲塔は半卵型の後下部が切れ込んだデザインとなっている。1951年生産のT-54-3では、砲塔が完全な半卵型になっている。以降はT-54-3を基本形として、主砲に排煙

DATA

生産：1958年 重量：36.5t 全長：9m 全幅：3.27m 全高：2.4m エンジン：水冷12気筒ディーゼル580hp 武装：100mmライフル砲,7.62mm機銃×2 最大速度：50km/h 乗員：4名 ※データはT-55

第5章 ソ連・ロシアの戦車

T-54-2（1949年型）。砲塔の防盾は「豚の鼻」。

器を新設し、主砲の安定装置を導入したT-54A、暗視装置などを備えるT-54Bを経て、1958年にはT-55が登場する。T-55は、T-54の改良型の決定版といえる戦車で、NBC防御用のPAZシステムを標準装備し、エンジンも改良されている。T-55中戦車の基本型は1958～1962年にかけて生産されたが、T-54中戦車シリーズとの外見上の識別点は、砲塔下部にPAZシステムの外気取り入れ口として小さなスリットがあることと、砲塔上の換気扇カバーが無くなっていることである。

T-55もさまざまな改良が施され、T-54とともに1994年頃まで旧ソ連諸国で使われていた。また、中国ではT-54Aのライセンス生産が行われ、これが59式戦車としてその後の中国の戦車開発の礎となった。T-54/55は、ともに冷戦時代のソ連を代表する戦車であり、合わせて10万輌以上が量産され、1950年代以降の主要な武力紛争で活躍した。現在でも多くの地域で運用されている。

T-62中戦車

世界初の滑腔砲搭載戦車

史上最大の生産数を誇ったT-54/55の発展型。T-54/55の100mm砲の威力に対して、西側諸国がより強力なヴィッカース社製105mm戦車砲L-7を開発したことに対応して、1950年代末より滑腔砲を搭載した戦車として開発が始まった。従来のライフル砲は、ライフリング（施条）による砲弾の回転で弾道の安定を図っていたが、ライフリングのない滑腔砲は回転によるエネルギー損失を防ぐことで、ライフル砲よりも強力な貫通力が期待できたのである。

1961年に試作車「オブイェークト166」が完成、同年制式採用され、世界初の滑腔砲を搭

DATA

採用：1961年　重量：40t　全長：2.4m
9.34m　全幅：3.3m　全高：2.4m
エンジン：水冷12気筒ディーゼル
580hp　武装：115mm滑腔砲、
12.7mm機銃、7.62mm機銃　最大
速度：50km/h　乗員：4名

第5章 ソ連・ロシアの戦車

T-54／55を踏襲したデザインながら115mm滑腔砲搭載は世界初。

搭載した実用戦車となった。搭載された115mm滑腔砲は、T-54／55の100mm砲の1・5倍以上の装甲貫通力を備えていた。

基本的なレイアウトはT-54／55を踏襲しているが、砲塔は自動排煙装置を備え、平たくほぼ真円に近い形状をした新型になっている。また、全高を低く抑えることで、敵からの発見を防ぎ、被弾率を低く抑えているが、乗員の居住性は悪くなっており、砲身の仰角も犠牲となっている。

なお、正式な量産・配備車両は、1965年にモスクワで行われた「対ドイツ戦勝20周年祝典パレード」で初めて公表されている。

1978年までに約2万輌が生産された。ソ連・ロシア軍で長く運用され、弾道計算機やレーザー測距照準器KTD-2などを搭載したり、腔内発射式レーザー誘導ミサイル9M117バスチオンが発射できるよう改修されている。旧チェコスロバキアでは73年から1500輌がライセンス生産された。

PT-76水陸両用軽戦車

大戦後開発された水陸両用戦車

第二次世界大戦中のドイツへの反攻時において、多くの河川を渡る必要に迫られたソ連軍は、渡河作戦においての水陸両用戦車の重要性を改めて認識させられた。もともとソ連は、第二次世界大戦前にもT-37やT-40など水陸両用戦車の開発をしていたのだが、非力なために戦車戦へ投入するには適さなかった。また、大戦中は重戦車や中戦車が優先されたために、T-40以降は開発が途絶えていたのである。大戦後には偵察や上陸作戦支援用にK-90を開発していたが、浮航時の安定性が悪く不採用となっていた。

そこで、1949年から改めて開発され、

DATA

採用：1951年　重量：14.2t　全長：7.63m　全幅：3.14m　全高：2.33m　エンジン：水冷6気筒ディーゼル240hp　武装：76.2mmライフル砲、7.62mm機銃　最大速度：44km/h　乗員：3名　※データはPT-76B

238

第5章 ソ連・ロシアの戦車

箱型の車体は大型で浮航性を追求。

1951年に制式化された水陸両用戦車が、PT-76である。浮航性を確保するために、箱型の車体は軽車両としては比較的大型で、砲塔には76・2㎜砲を装備している。また、浮航性を追求したために、装甲は薄くなっていた。水上航行時には、車体下部から取り入れた水流を、車体後部の左右に装着されたウォータージェットで排出して進み、最大で約10km／hの速度を得ることができた。

1962年には、PT-76Bが生産開始。主砲が改良型の76・2㎜戦車砲D-56TSに変更され、対放射能防御システム（PAZ）が搭載されている。まとまりがよく、信頼性も高かったPT-72だが、76・2㎜砲ではさすがに火力不足で、主砲を強化したPT-85も試作されたが、開発中止になっている。

1万2000輌以上が生産され、うち約2000輌は旧東側陣営に供与された。各国に供与されたPT-76は、ベトナム戦争や中東戦争、第三次印パ戦争等で実戦に投入された。

ソ連最後の重戦車
T-10重戦車

DATA
採用:1953年　重量:51.5t　全長:10.56m　全幅:3.38m
全高:2.59m　エンジン:水冷12気筒ディーゼル750hp
武装:122mmライフル砲、14.5mm機銃×2　最大速度:
50km/h　乗員:4名　※データはT-10M

122mm砲を装備した
ソ連最後の重戦車。
©VargaA

　ソ連軍が配備した最後の重戦車。1952年末に、IS-3の発展型として開発されたオブイェークト730は、IS-8として制式化された。ところが、生産開始直後にスターリンが死亡して彼に対する批判が高まったことでT-10と改称、1953年から生産が開始された。IS-3をさらに洗練し、避弾経始を追求した形状になっている。主砲は従来と同じ122mm砲を装備したが、エンジンは強化型が搭載され、重装甲でありながら機動性が高かった。1968年のチェコ事件に投入されるなどしたが、火砲と対戦車ミサイルの発達によって重戦車自体の存在価値が減じると、主力戦車に代替されていった。

第5章　ソ連・ロシアの戦車

新仕様導入も運用に難
T-64中戦車

DATA
採用：1966年　重量：39t　全長：9.23m　全幅：3.42m
全高：2.17m　エンジン：水冷5気筒ターボチャージド・ディーゼル　武装：125mm滑腔砲、12.7mm機銃、7.62mm機銃
最大速度：60.5km/h　乗員：3名　※データはT-64B

1985年まで長らくその存在は秘せられていた。
©Miroslav Luzetsky

滑腔砲を搭載したソ連の主力戦車。T-62と同様115mm滑腔砲を搭載していたが、車体や砲塔は新規設計の近代的なスタイルだった。

耐弾複合装甲の採用によって重量を増やさずに防御力を向上させており、半球状の砲塔には自動装填装置が装備されていたが、新仕様が多く導入されたことが、現場での運用を難しくした面もあった。

派生型として、主砲を125mm滑腔砲に変更したT-64Aや、主砲発射型戦車ミサイルを導入したT-64Bが開発されている。

対外的に長期間その存在が秘密にされ、西側諸国にその存在が知られたのは1985年のことだった。

1983年までに1万2000輌が生産された。

T-72中戦車

ソ連後期の代表的な主力戦車

T-64は多くの新機軸を盛り込んだ意欲的な戦車だったが、機関系の不具合が多く、コストも高いのがネックだった。そこで、滑腔砲や自動装填装置などは同様に取り入れつつ、より廉価かつ信頼性の高い戦車の開発が課題となった。

ベースとなったのは、1960年代末に開発されたT-62の発展型オブイェークト167で、T-64の車体コンポーネントや砲塔を組み合わせた。1971年に試作車オブイェークト172Mが完成し、73年にT-72として制式化された。

主砲は前述の125mm滑腔砲、砲塔の部分の装甲は鋳造製で、車体の前面部は鋼鉄装甲板にセラ

DATA

採用：1973年 重量：44.5t 全長：9.53m 全幅：3.46m 全高：2.23m エンジン：水冷12気筒スーパーチャージド・ディーゼル840hp 武装：125mm滑腔砲、12.7mm機銃、7.62mm機銃 最大速度：60km/h 乗員：3名 ※データはT-72B

242

第5章　ソ連・ロシアの戦車

中戦車ながら40tを超える重量を持つ。
©VitalyKuzmin

ミックやガラス繊維が織り込まれていた。なお、ソ連の中戦車では初めて40tを超える重量になってしまったが、それでも西側諸国の主力戦車と比べるとかなり軽量であった。また、同時期の第2世代主力戦車のうちでは、もっともバランスがよい戦車だったといえる。

1979年のアフガニスタン侵攻で初めて実戦投入され、イラン・イラク戦争や、イスラエルのレバノン侵攻時で使用された。派生型も多く、主なものとして、レーザー測遠器を装備してサイドスカートを装着したT-72A、T-72Aに爆発反応装甲を装着したT-72AV、レーザー誘導ミサイルを搭載したT-72B等がある。また、多くの国に輸出され、70年代から1991年のソ連崩壊まで、旧共産圏でもっとも多く使用された戦車だといえる。旧チェコスロバキアやポーランドでライセンス生産されたT-72M等各国での製造も含めて、2万輌以上が生産された。ソ連崩壊の後も、各国で多くのバリエーションが生まれている。

ガスタービン・エンジンを初搭載
T-80中戦車

DATA
採用：1976年　重量：46t　全長：9.65m　全幅：3.58m
全高：2.22m　エンジン：ガスタービン1100hp　武装：
125mm滑腔砲、12.7mm機銃、7.62mm機銃　最大速度：
70km/h　乗員：3名　※データはT-80B

ソ連初のガスタービン・エンジン搭載でエンジンの小型軽量化を実現。
©VitalyKuzmin

エンジンを小型軽量化して大出力を期待できるガスタービン・エンジンの導入は、ソ連では早くから研究されていたが、T-64で導入が計画されながら実現できなかった。そこで、基本的なレイアウトはT-64を踏襲しながら、その発展型として開発され、1976年にT-80として制式化。ソ連で初のガスタービン・エンジン搭載戦車として生産が開始された。

エンジンを改良したT-80A、対戦車ミサイルを導入したT-80B、爆発反応装甲を装備したT-80BV、さらに改良を重ねたエンジンを搭載したT-80U等の各型を合わせて4200輌前後が生産された。

第5章 ソ連・ロシアの戦車

T-80の改良型
T-80U戦車

DATA
採用:1985年 重量:46t 全長:9.651m 全幅:3.582m
全高:2.2m エンジン:ガスタービン1250hp 武装:
125mm滑腔砲、12.7mm機銃、7.62mm機銃 最大速度:
70km/h 乗員:3名

新型エンジンで勇み足であったT-80主力戦車を改良。
©VitalyKuzmin

ガスタービン・エンジンの搭載を実現したT-80主力戦車だったが、信頼性の低さや整備のわかりにくさ、高燃費等の理由により、現場での評判は芳しくなかった。そこで、まずは1982年に改良型ガスタービンGTD-1000Mを搭載したT-80Aが開発された。そのT-80Aをもとに、さらに改良されたガスタービンGTD-1250を搭載し、爆発反応装甲を装着したのがT-80Uで、1985年に生産が始まった。

なお、新型ガスタービン失敗時の保険として開発されていたディーゼル・エンジン搭載型も、同時期にT-80UDとして制式化されている。

T-90戦車

T-72を発展させたロシア連邦初の主力戦車

　湾岸戦争において、イラク軍の所有していたT-72戦車がアメリカやイギリスの戦車に一方的にやられたことで、その評価は暴落してしまった。イラク軍の所有車は性能を落としたモンキーモデルと呼ばれるものではあったが、生産国であるロシアの戦車のイメージダウンも当然免れ得ない。

　そこで、その印象回復を目標として開発されたのがこのT-90で、旧ソ連からロシア連邦になって初めて装備された新型の主力戦車でもあった。

　前述の理由のため、ロシア軍での制式採用よりも海外への輸出を目的としており、湾岸戦争で損なわれたロシア製戦車の信頼回復のため、射撃能

DATA

採用：1993年　重量：46.5t　全長：9.53m　全幅：3.46m　全高：2.23m　エンジン：水冷12気筒ターボチャージド・ディーゼル840hp　武装：125mm滑腔砲、12.7mm機銃、7.62mm機銃　最大速度：60km/h　乗員：3名

第5章 ソ連・ロシアの戦車

冷戦後ロシアの威信を背負って開発されたT-90。
©VitalyKuzmin

力や防御力とともに、西側諸国の戦車にない新装備で付加価値を高めることも目指された。

もっとも、もともとソ連の主力戦車のうち、信頼性の高いT-72にT-80の高い性能を付加すべきだとの意見はあり、開発もされていたが、ソ連崩壊や予算不足で制式採用されておらず、湾岸戦争を契機にようやく採用されたという経緯もあった。

このようにして開発されたT-90は、T-72Bと同じ仕様の車体フレームに、T-80Uで採用された射撃統制装置、9M119Mレフレークス対戦車ミサイル、自動装填装置、赤外線映像装置などを装備し、複合装甲や爆発反応装甲などが採用されている。安価で高性能だったT-90は、目論見通りに多くの国に順調に輸出され、インドではライセンス生産の合意にも至っている。湾岸戦争での反省から、モンキーモデルの輸出は控えられているようだ。なお、ロシア連邦軍においても、T-80Uが高コストであることなどから、T-90の本格的な配備が決定されている。

試作車　巨大な3輪車のような外観
ツァーリ・タンク

DATA
完成：1915年　重量：40t　全長：17.7m　全幅：12.5m
全高：9m　エンジン：マイバッハ水冷ガソリン200hp　武装：7.62mm機銃×8　最大速度：20km/h　乗員：―

本格的な戦車開発の過渡期を象徴する珍奇な外見。

本格的な戦車の登場前に開発されていたうちの一種で、「レベデンコ・タンク」とも呼ばれる。第一次世界大戦で塹壕戦が主体となったことから1915年に開発されたもので、直径9mの車輪を2つと後輪を持つ3輪式だった。200馬力のドイツ製マイバッハ水冷ガソリン・エンジンを2基搭載し、それぞれが左右の車輪を駆動させた。巨大な車輪で障害物を乗り越え、高い位置の砲座から敵の頭上へ銃砲火を浴びせる構想であった。

しかし、40tという重量のため、後輪が溝にはまってしまい動けなくなる事態も発生。1920年代になってより実用的な戦車が登場すると、開発は中断された。

248

第5章 ソ連・ロシアの戦車

試作車 雪に散った多砲塔戦車
SMK重戦車

DATA

完成：1939年　重量：55t　全長：8.75m　全幅：3.40m
全高：3.25m　エンジン：水冷12気筒ガソリン850hp　武装：76.2mm砲、45mm砲、12.7mm機銃、7.62mm機銃×4
最大速度：35km/h　乗員：7名

とにかく巨大な多砲塔戦車。装甲厚も60mm。

1939年に試作された多砲塔戦車。当初は3砲塔型だったが、スターリンの多砲塔批判で2砲塔に変更された。このとき、同時に開発された単砲塔の戦車は、後にKV-1となっている。なお、SMKとはソ連共産党指導者セルゲイ・ミロノビッチ・キーロフの頭文字から取られたものだ。

非常に巨大かつ重量もあり、前部と後部の砲塔に、それぞれ45mm砲と76mm砲を装備し、主要部の装甲厚は60mm以上あった。1939年の冬戦争に1輌が投入されたが、雪で行動不能になり、そのまま放置されてしまう。2ヵ月後に何とか回収されたが、SMK自体が不採用となり、スクラップとなっている。

オブイェークト279重戦車

核戦争下の世界を想定したSF映画のような車体

1950年代半ばに開発された非常にユニークな試作戦車。円盤状の低い車体に合計4組の履帯が装着されたカブトガニのような外観は、SF映画に出てきても不思議ではない印象だ。

当時は冷戦下で、核戦争や第三次世界大戦の恐れも現実的だった時代。この戦車は、核戦争下での活動を想定して開発されたといわれており、核爆発時の爆風を受け流して、車体が横転しないようにするために、このような車体になっているとされている。

T-55よりさらに背の低い車体の半卵状の砲塔にはIS-7などと同じ系列の130mm砲が搭載

DATA

開発：1957年　重量：60t　全長：10.24m　全幅：3.4m　全高：2.48m　エンジン：水冷16気筒ディーゼル1000hp　武装：130mm砲、14.5mm機銃×3　最大速度：55km/h　乗員：4名

第5章　ソ連・ロシアの戦車

奇怪な容貌は核爆発時の爆風対策によるものだ。

され、車体は鋳造製の本体に薄手の増加装甲を被せた二重装甲となっていた。

車体の低さとともに印象的な左右それぞれ2組が装着されている履帯は、設置圧を分散することが目的で、これによって悪路での機動性が確保され、安全性も向上していた。サスペンションは油気圧方式が採用されており、車高を変化させることが可能なのも大きな特徴であった。

また、エンジンはH型16気筒ディーゼルを搭載し、トランスミッションはハイドロマチック自動変速方式を採用と、ソ連戦車としては非常に高度な仕様となっていた。残念ながら高コストであるために採用とならなかったが、試作車がクビンカ戦車博物館に現存している。

なお、長らく核の爆風をそらすためとされてきたその形状だが、近年では、沼沢地帯や地盤の軟弱な場所での運用を考慮した結果という説も出てきており、実際にぬかるみにはまりこんだT-10を牽引する姿を捉えた記録映像もある。

まだある！

ソ連・ロシアの戦車

現在開発中の最新戦車から試作車まで！

T-95

1999年頃からロシアで開発されている主力戦車。135mm滑腔砲を装備し、自動装填装置が備わっている。2010年4月に開発中止が発表されたが、研究成果をもとに新型戦車が開発されているという。

採用：―　重量：50t　全長：10m　全幅：3.58m　全高：2.2m　エンジン：ガスタービン1250hp―　武装：135mm滑腔砲、7.62mm機銃　最大速度：70km/h　乗員：3名

チョールヌイ・オリョール戦車

1999年に試作車が公開されたチョールヌイ・オリョール戦車。搭載予定の滑腔砲は射程距離2000mで厚さ7mの鋼板を貫通できるという。実用化時期は未定である。

採用：―　重量：55t（推定）　全長：12m（推定）　全幅：―　全高：―　エンジン：―　武装：125mm～400mm滑腔砲、7.62mm機銃、12.7mm重機銃　最大速度：―　乗員：3名

BT-1中戦車

アメリカから購入したクリスティーM-1930戦車の複製車輌。武装やエンジンもクリスティー戦車に搭載されていたものを複製し搭載していた。少数生産。

採用：―　重量：10.2t　全長：5.49m　全幅：2.23m　全高：1.93m　エンジン：ガソリン343～400hp　武装：7.62mm機銃×2　最大速度：64.3～111km/h　乗員：3名

ヘッデクホッド装甲装軌式車輌

第一次世界大戦の開戦直後の1914年に計画がスタートしたロシア初の戦車。すぐれた設計ではあったものの陸軍に採用されることなく、1915年に開発は中止された。

開発：1915年　重量：約5t　全長：3.6t　全幅：2m　全高：1.5m　エンジン：―　武装：―　最大速度：―　乗員―

T-23豆戦車

製造：1930年 重量：3.18t 全長：3.3m 全幅：1.62m 全高：1.85m エンジン：― 武装：7.92mm機銃 最大速度：35km/h 乗員：2名

T-43中戦車

採用：― 重量：31.5t 全長：6.86m 全幅：2.99m 全高：2.58m エンジン：ディーゼル500hp 武装：76.2mm砲、7.62mm機銃×2 最大速度：49.8km/h 乗員：4名

T-46軽戦車

採用:一　重量:10.2t　全長:5.49m　全幅:2.39m　全高:2.06m　エンジン:ガソリン88hp　武装:45mm砲、7.62mm機銃×3　最大速度:56.3km/h　乗員:3名

T-100重戦車

採用:一　重量:56t　全長:8.93m　全幅:2.97m　全高:3.26m　エンジン:ガソリン400hp　武装:76.2mm砲、45mm砲、7.62mm機銃×3　最大速度:30km/h　乗員:6名

第6章
フランスの戦車

陸軍大国の一つであり、近代的戦車の原型ともなったルノーFT-17を造ったフランス。戦車開発の歴史に大きく貢献したフランスの名車たちを紹介する。

フランス初の記念碑的戦車
シュナイダーCA1突撃戦車

DATA
生産：1916年 重量：13.5t 全長：6.32m 全幅：2.06m
全高：2.3m エンジン：シュナイダー水冷4気筒ガソリン76hp 武装：75mm砲、8mm機銃×2 最大速度：8km/h 乗員：6名

フランス初の国産戦車。牽引車がモデルだった。

フランス陸軍大佐エスティエヌ肝いりで開発された同国初の戦車は、1916年にシュナイダー社により完成した。

アメリカ・ホルト社製による装軌式牽引車ホルト・トラクターを基本とした。車体前部右側の張り出しに限定旋回式75mm短砲身砲、両側面の球形マウント式銃座には8mm重機関銃を備えた。前面にワイヤーカッターを装備、乗降用のドアを後部に、ベンチレーター(換気装置)は車体上部に設けられた。サスペンションの直立コイルスプリングはフランス独自のものだ。

生産数は1918年までに400輌に及び、1917年の第一次世界大戦には、ベリ・オー・バクの戦闘でデビューした。

256

第6章 フランスの戦車

フランス産戦車第2号はパワー志向
サン・シャモン突撃戦車

DATA
生産：1916年　重量：22t　全長：8.83m　全幅：2.67m
全高：2.36m　エンジン：パナール水冷4気筒ガソリン、
90hp　武装：75mm砲、8mm機銃×4　最大速度：8.5km/h　乗員：8名

装甲を前後に広げた巨大な車体が特徴。

フランス産戦車の第2号にあたったサン・シャモン突撃戦車は、陸軍大佐リメイローが設計、STA（自動車技術局）子会社にあたるFAMH社が開発した。

シュナイダー同様、装軌式牽引車ホルト・トラクター「シャシー」をもとにしており、装甲を前後に広げた巨大な車体は特徴的だ。75mm速射砲を車体先端に装備、パナール製ガソリン・エンジンで駆動するモーター搭載は画期的な工夫であった。

1917年に実戦投入され、本車の特色でもあるエンジンは相次いで故障に見舞われ、巨大な車体も塹壕に引っかかるといった災難が続いた。改良が重ねられるも、生産数は400輌に及んだ。

フランス戦車の雛形モデル
ルノーFT軽戦車（FT-17/FT-18）

1916年、ルノー社は歩兵支援を目的とした軽戦車を開発した。当初はシュナイダー、サン・シャモン突撃戦車の視界の悪さを補う形で軽戦車の必要性が浮上。フランスでの戦車開発に力を入れていたフランス陸軍大佐エスティエンヌがルノー社に働きかけることで、開発が進められた。1917年に試作車が完成、早くも同年には生産が開始された。小型の車体は機動性を重視しており、近代戦車の雛形を造ったが、当初フランス軍はこの開発に難色を示していた。しかし試作での性能が明らかになったことから完成に至った。ルノー、ベルリエ、ソミュア、ドローナ・ベル

DATA
採用:1917年　重量:6.7t　全長:4.88m　全幅:1.74m　全高:2.14m　エンジン:ルノー水冷4気筒ガソリン35hp　武装:37mm砲　最大速度:7.72km/h　乗員:2名
※データは37mm砲搭載型

第6章　フランスの戦車

機動性を重視し小型化、そのデザインは近代戦車の雛形モデル。

ビューの4社に1000輛を発注、終戦までには4635輛まで達した。360度旋回式砲塔を搭載した世界初の戦車であった。その形状は鋳造とプレス部品の組み合せであったが、容易な生産を可能にするため平面装甲板を組み合わせたリベット接合の八角形に変わった。ほかに車体で目立った点はミリス鉄鋼といったイギリスの製鉄会社の装甲板、リーフスプリングを直立コイルスプリングと組み合わせたサスペンションに、車体後部にしつらえた起動輪は35hpの液冷ガソリン・エンジンで駆動していることが挙げられる。ちなみに誘導輪につけられた合板も珍しく、リムは当初銅製だったが鋼鉄製になった。

37mm短砲身砲もしくは8mmオチキス重機関銃をしつらえ、2人乗りの本格的な戦車となり、1918年5月、第一次世界大戦のレッツの森で実戦デビューを果たした。しかしその際ドイツ軍相手に善戦したとは言い難い。

ルノーNC1軽戦車

海外輸出もされた実戦向きの軽戦車

　ルノーFTの装甲を強化した軽戦車NCは1920年代に開発された。もともとは輸出を目的としたものだった。エンジンはルノー社製の水冷ガソリン。37mm砲と機関銃を備えた二人乗りで、軽戦車ながらも実戦向きといえる。NC27とも呼ばれた。

　サスペンションは直立3連コイルスプリングと直立油圧ショックアブソーバーを6個組み合わせた。両側には小転輪3組4個、これにフロントローラーを装着していた。また、クリーブランド制御差動式操行装置を搭載していた。これは、フランスの戦車としては初となる。

DATA
生産：1927年　重量：8t　全長：4.41m　全幅：1.7m　全高：2.13m　エンジン：ルノー水冷4気筒ガソリン60hp　武装：37mm砲または7.5mm機銃　最大速度：km/h　乗員：2名

第6章　フランスの戦車

ルノーFTを強化。軽戦車ながら実戦向き。写真はルノーNC2。

機動性を上昇させる目的で車輪などの改良が施されたが、あまり改善されなかった。そのためかフランス陸軍では採用されず、日本と旧ユーゴスラビアへ売却された。日本では乙型戦車という呼称で使用されている。1932年の第一次上海事変で八九式中戦車とのコンビで戦車部隊を結成し、使用された。しかし、走行での車輪の弱点が響き、エンジン・トラブルもあってか故障が相次いだ。結局は八九式戦車を下回る性能が仇となり、日本では実戦から退いた。旧ユーゴスラビアでの実戦投入は1940年のドイツ軍侵攻でされた記録がある。

ちなみにNC2（NC31という呼称もある）という改良型もある。これについても付記すると、NC1の水冷エンジンを60hpから75hpに強化したほか、新型ラジエーターと強化履帯を装備し重量が増したバージョンである。大戦後はフランス国内では実戦投入されなかったが、ギリシャ陸軍へと供給された。

世界初の多砲塔を誇る重戦車
FCM2C重戦車

FCM社が誇る、高さ10mにして重さ70tの重突破戦車。もともとは第一次世界大戦末期の大がかりな作戦に用いられる予定であった。

全周旋回砲塔には76mmカノン砲を装備。塹壕での困難な走行を容易にした車体側面の履帯で足回りを強化した。その攻撃力と機動性の両面からの充実は頼もしい。巨大な戦車の走行を可能にするため、ガソリンによる発電式のエンジンを用い、そこで生み出された電気で駆動するモーターの仕組みが用いられた。復例式転輪6個を1つの水平バネで支える形式で、片側24個差動した。エンジンはそれでも不安があり、ドイツ製の160hp

DATA
採用:1918年 重量:70t 全長:10.27m 全幅:2.95m 全高:4.01m エンジン:メルセデス水冷6気筒ガソリン×2 360hp 武装:75mm砲、8mm機銃×4 最大速度:12km/h 乗員:12名

第6章 フランスの戦車

攻撃力・機動力を備えた重突破戦車。
© my late grandfather

航空機エンジン、250hpエンジン、フランス産の250hpエンジンと紆余曲折を経ている。武装は車体前部・左右にそれぞれ8mm重機関銃を1挺、後部には旋回式銃塔に1挺。155mm砲に換装され、2C、bisといった後継を生んだ。ストロボ・スコープ装備にして、多砲塔戦車としてはフランスのみならず世界初であった。

300輛の生産数で華々しく実戦デビューする予定だったが1918年に大戦は終了。10輛のみの完成にとどまったが、戦時賠償によるメルセデス製6気筒180pエンジンをドイツから手に入れての完成となった。

第一次世界大戦では活躍は望めなかったが、10輛あったうち8輛が、第二次世界大戦時にはドイツによるフランス侵攻に際し配備されることになった。しかし鉄道での輸送時にドイツ軍からの攻撃に遭遇、乗員が先手を打って処分、破壊された状態でドイツ軍に捕獲された。またしても活躍の機会を失ったのだ。

世界初の鋳造砲塔を誇る中戦車
ルノーD1歩兵戦車

DATA
採用:1931年　重量:14t　全長:5.77m　全幅:2.16m　全高:2.39m　エンジン:ルノー水冷4気筒ガソリン74hp　武装:47mm砲、7.5mm機銃×2　最大速度:18.1km/h　乗員:3名

鋳造砲塔を装備したのはこれが世界初。そしてフランス初の47mm対戦車砲搭載車でもある。

本車は1926年、ルノー社で開発された中戦車である。NC戦車をもとにした設計で、150輌生産された。世界初の鋳造砲塔にして、フランス初の47mm対戦車砲を備えた先進的な戦車であった。車体はリベット接合。NC戦車と同じ型のサスペンションながら、ボギーに装着した4輪の転輪を各3組、それぞれをコイルスプリング3本に油圧・圧搾空気式ショックアブソーバーで支えた。これを装甲板で防護した。砲塔には三角形のフレームアンテナが備えられたが、無線機の故障が多く、取り除かれる場合が多かった。主に北アフリカのリビア戦線でイタリア軍を相手にした。

第6章 フランスの戦車

装甲をパワーアップさせた先進的戦車D1改良型
ルノーD2歩兵戦車

DATA
採用:1933年 重量:19.7t 全長:5.456m 全幅:2.22m
全高:2.67m エンジン:ルノー水冷6気筒ガソリン150hp
武装:47mm砲、7.5mm機銃×2 最大速度:22.5km/h
乗員:3名

D1のデザインを引き継ぎつつ、砲塔は新型モデル。

D1の改良型であるD2は、D1完成の翌年には開発が始まっていた。1934年から生産されていった。装甲板を40mmに厚くして、側面にも装甲をしつらえるなど、全体的に防御性能を上げるものだった。ちなみに側面の装甲には雑具箱が設けられ、フェンダーも装着されているので、D1とは見た目もやや異なる。武装は変わらないが、砲塔はAPX-Iという新型だった。試作段階ではディーゼルであったエンジンは完成時にはガソリンで動くものになっている。

生産数は50輌、D1の3分の1程度に終わった。ドイツ軍との実戦に投入されている。

機動性に優れた偵察戦車
AMR33軽戦車

DATA
採用:1933年 重量:5.5t 全長:3.5m 全幅:1.6m 全高:1.73m エンジン:レイナステラ水冷8気筒ガソリン84hp 武装:7.5mm機銃 最大速度:54km/h 乗員:2名

転輪をボギーで支えたゴム製の水平スプリングは目新しい。
© Fat yankey

1931年、騎兵隊用の装軌装甲車計画が打ち出された。翌年にはルノー社のもとでVM試作車として完成。偵察車として制式化されるまでにサスペンション部分の改良が行われた。

特に転輪をボギーで支えたゴム製の水平スプリングは目新しかった。しかし速度の向上を目指した結果、装甲は厚さ13mm、武装では7.5mm機銃1挺と、いずれも頼りないものだった。この改善すべき点をクリアしたのが1935年に制式化されたAMR35で、33、35合わせて320輌が生産されており実戦投入され偵察任務についていた。しかし1940年のドイツ侵攻を食い止めるほどではなかった。

第6章 フランスの戦車

武装・防御のバランスに秀でたAMCモデルの最終形
AMC 35 (ルノーACG1型)軽戦車

DATA
採用：1934年　重量：14.5t　全長：5.38m
全幅：2.12m　全高：2.62m　エンジン：ルノー水冷4気筒ガソリン180hp　武装：47mm砲、7.5mm機銃　最大速度：40km/h　乗員：3名

外見はAMR33と同じだが武装も防御力も向上。
© Fat yankey

1934年に開発が始まったAMC 35。その前進はAMR 33をベースに、武装、防御の強化につとめたAMC 34だった。その改良型であるAMC 35は、サスペンションはゴム製の水平スプリングとAMR 33から引き継いだ。外見はAMR 33と見分けはつかない。

砲塔はAPX-I、武装7.5mm機銃でAMC 34と同様。これにもう1つ加わった47mm砲はAMC 35のオリジナル。足回りは前部に起動輪、外側ガイド式の履帯。リベット接合の装甲板で車体を守った。生産数はAMC 34が12輌にとどまったのに対し、AMC 35は50輌にまで及んだ。ベルギーが1939年から第二次世界大戦までに購入した。

R-35軽戦車

防御性能に力を入れた鉄壁の軽戦車

1935年、歩兵支援を目的にルノー社で開発された軽戦車だ。もともとはオチキスとの競り合いでルノー社が勝ち得た開発で、そのせいか1933年のルノーFT軽戦車を下敷きにしたものといえる。

車体は厚さ40mmの装甲で、防弾鋳鋼製というまさしく鉄壁の防御力を誇る軽戦車だ。水冷ガソリン・エンジンにクレトラック機械式ディファレンシャルとブレーキによって操縦も容易であった。サスペンションはシザース式水平コイルスプリングであるが、これは同時期にルノーが開発をすすめていたAMC35(こちらは騎兵用の戦車)と似

DATA

採用：1935年　重量：9.8t　全長：4.02m　全幅：1.85m　全高：2.11m　エンジン：ルノー水冷4気筒ガソリン82hp　武装：37mm砲、7.5mm機銃　最大速度：20.5km/h　乗員：2名

第6章　フランスの戦車

装甲厚40mmにして防弾鋳鋼製、まさしく鎧を身にまとった軽戦車。
© Mircea87

通ったものでもある。武装はH35と同じ鋳造製の砲塔（APX-R）、37mm砲と75mm機銃。H35と共通するのは車体のボルト接合だ。これは製造時の手間を省くにはもってこいだったが、攻撃を受けると外れやすいことが実戦で明らかになった。ほかに武装の手薄さと、防御力を得ることで失った機動性（軽戦車ながら10tの重量）が弱点となった。

しかし鈍重ながらも実戦向きであることは事実で、1940年の第二次世界大戦では2000輌ほど生産される予定もあった。これは実質的な主力戦車と位置づけられていて、結果的に1611輌生産され、実戦投入は1000輌に及んだ。ポーランド、ルーマニア、旧ユーゴスラビア、トルコにも売却された。しかしフランスは大戦で降伏。R-35もまたドイツ軍の手に落ちた。砲塔部分の改修が施され、自走砲として生まれ変わりもし、イタリア軍にも供与。連合軍と対峙することとなった。

ルノーB1重戦車

国内外で数多くの後進モデルを生んだフランスの主力戦車

1934年、ルノー社のもとで制式化されたB戦車は、1921から始まる15t級の戦車開発の末に生まれた。第一次世界大戦での反省点が生かされた開発計画で、ルノー、シュナイダー、FCM、FAMH、ドローナ・ベルビューといった各社が競り合い、時には離合集散を繰り返して長期化した。この期間、トラクター30というコードネームで呼ばれていた。

砲塔は全周旋回でAP・X（鋳造製）、75mm砲と7.5mm機銃（×2）を装備して攻撃力は群を抜いていた。装甲も厚さ60mm。ステアリングに油圧装置ナーダーを組み込んだ操向装置は、ダブル・

DATA

採用:1934年 重量:30t 全長:6.38m 全幅:2.49m 全高:2.81m エンジン:ルノー水冷6気筒ガソリン180hp 武装:75mm砲、47mm砲、7.5mm機銃×2 最大速度:27.6km/h 乗員:4名

第6章　フランスの戦車

ナチス・ドイツの侵攻に対峙するB1bis「シャラント」。第41BCC所属338号車。
© Ude

ディファレンシャルで主砲の照準を合わせるのに適したものだ。サスペンションは板バネとコイルスプリングをバンパー・パッドによって結合させたもので、FCMが開発したものだ。張り出しのある履帯は内部からの調節を実現。燃料タンクも攻撃の際に液漏れをふせぐゴムを備えた。注油口にもパイプで工夫、内部にも火災対策のための隔壁を設け、その他にもジャイロスコピック・コンパス、電気式スターターを採用し、車内も充実している。イギリスのA20のように、本車の設計を参考にした戦車は数多く生まれた。

B1の改良型であるB2も後に開発されたが、B1にもB1bisという改良型が存在する。B1bisは水冷から航空機用のエンジンに変わり、新型砲塔APX-Ⅳには47mm砲と7.5mm機銃が同軸に設けられ、装甲の厚さも60mmのものになった。頑丈な車体は砲撃にも耐えうるものだったが、実戦ではこの鈍重さが仇となり、ドイツ軍の猛攻を前に撃破されるに至った。

S-35（ソミュア）中戦車

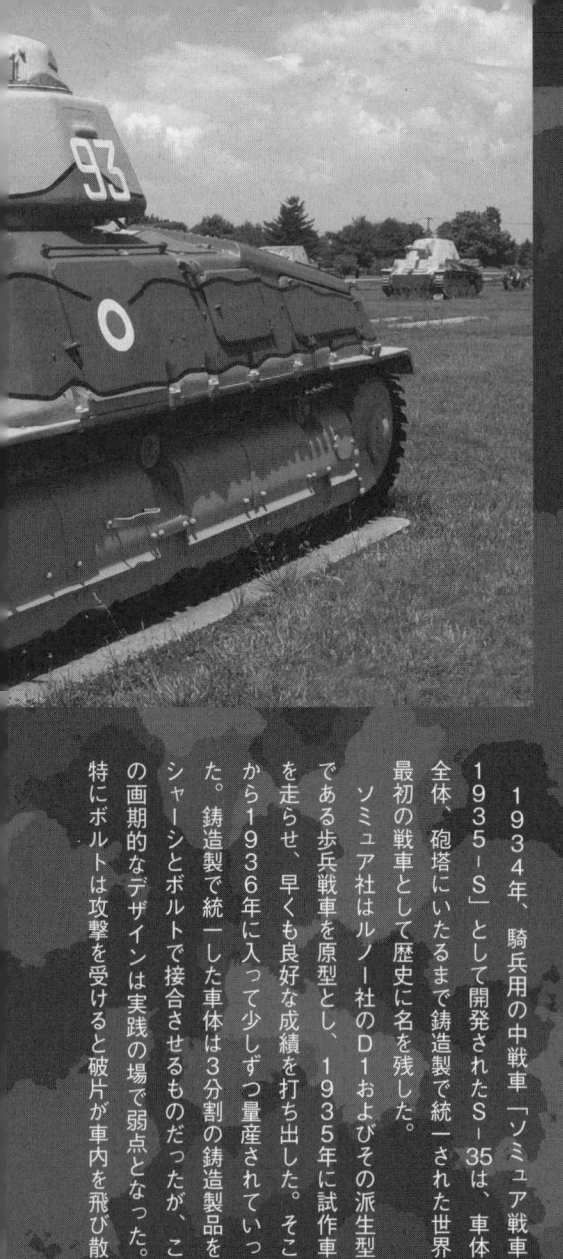

防御も攻撃も随一の優秀さを誇る中戦車

1934年、騎兵用の中戦車「ソミュア戦車1935-S」として開発されたS-35は、車体全体、砲塔にいたるまで鋳造製で統一された世界最初の戦車として歴史に名を残した。

ソミュア社はルノー社のD1およびその派生型である歩兵戦車を原型とし、1935年に試作車を走らせ、早くも良好な成績を打ち出した。そこから1936年に入って少しずつ量産されていった。

鋳造製で統一した車体は3分割の鋳造製品をシャーシとボルトで接合させるものだったが、この画期的なデザインは実践の場で弱点となった。特にボルトは攻撃を受けると破片が車内を飛び散

DATA

採用：1935年　重量：20t　全長：5.38m　全幅：2.12m　全高：2.62m　エンジン：ソミュア水冷8気筒ガソリン190hp　武装：47mm砲、7.5mm機銃　最大速度：45km/h　乗員：3名

272

第6章　フランスの戦車

鋳造製品を統一、3分割で組み合わせた画期的な車体。
© Mark Pellegrini

る問題や、接合が外れて身動きが取れなくなる失態も出てきた。

防御性能を誇りつつ、攻撃力も兼ね備えた優秀な戦車ではあった。電動式の全周回砲塔（国営プトー工場製APX-I）、47mm砲と7.5mm機銃を備えた。前述のように装甲は鋳造製で40mmの厚さで被弾の際の計算もされている。エンジンはV型8気筒ガソリン。走行は機械式複合ディファレンシャルの操向装置。足回り装甲で覆われ、片側9組の転輪とそれを支えるコイルスプリングとリーフスプリングの組み合わせによるサスペンションが特色である。

生産数は約500輌であり、主力となるべき性能を保有、特に装甲厚の面でドイツ戦車にひけをとらないものではあったが、第二次世界大戦のドイツ侵攻に際してはその性能を発揮するタイミングがいささか遅れることとなった。フランス降伏後ドイツ軍とイタリア軍に接収され、そのまま使用された。対パルチザン戦にも参加することとなった。

機動性と防御を追求した理想の軽戦車
オチキスH-35/38/39軽戦車

DATA
採用：1935年　重量：10.6t　全長：4.22m　全幅：1.85m　全高：2.13m　エンジン：オチキス水冷6気筒ガソリン75hp　武装：37mm砲、7.5mm機銃　最大速度：27.3km/h　乗員：2名　※データはH-35

ナチスに接収され、ドイツ軍で使用されているH-38。

　機動性、防御性能の両面で確かなものを目指したオチキスの軽戦車H-35は、1933年の計画からルノーとの競り合いに勝ち1936年に制式化された。車体を3分割で鋳造、装甲厚34mmで防御性能はあれども、機動性に難があった。

　H-38はその名の通り1938年に登場、エンジンの換装で機動性を上げた。機関室が高い位置になった以外は、外見上H-35と変わらない。

　H-35のエンジン部分と主砲を長砲身化させたH-39。第二次世界大戦のフランス降伏によって、国内でその充実度の高さが生かれることはなかった。ドイツ軍に接収、ロシア戦線で用いられた。

第6章 フランスの戦車

塹壕にも強い軽戦車だった
AMX R-40軽戦車

DATA
採用:1940年 重量:12.5t 全長:4.19m 全幅:1.88m 全高:2.184m エンジン:ルノー水冷4気筒ガソリン100hp 武装:37mm砲、7.5mm機銃 最大速度:20.1km/h 乗員:2名

馬力の高いエンジンに加えて、尾橇で塹壕にも強くなった。

ルノー社製R-35軽戦車をベースにした新型の軽戦車。

R-35との違いはなんといっても足回りにあり、AMX社製の走行装置を取り付けて起動性を高めた。片側12組ずつの小転輪を垂直コイルスプリング6本で支えて中心を軸にとってスイングするビーム3本に取りつけた。これを装甲板で覆った。エンジンも馬力を高め、尾橇を装着し超壕幅を増した。

武装はR-35同様に37mm長砲身砲を搭載。装甲に弱さがあり、実戦投入は国内ではあまりされなかった。

R-40は第二次世界大戦フランス降伏の際、ドイツ軍で使われ、2個戦車大隊に配備されることとなった。

FCM36

フランス初のディーゼル・エンジン搭載で足回りも個性的

　フランス初のディーゼル・エンジンを搭載した戦車である。1935年4月に歩兵支援を目的とした軽戦車として試作、翌年に制式化された。もともとは1932年にルノー社が計画していた6t戦車が試作に終わり、FCM社がデータを引き継いだ形で軽戦車として開発された。

　イギリスのリカード社からライセンスを取ったベルリエ8400cc4ストローク水冷エンジンを採用。燃費のよさと安全性を確保したディーゼル・エンジンはフランス産の戦車のなかでは画期的なものであった。武装能力は37mm砲と7.5mm機銃を1つの砲塔に装備。走行面ではピボットアー

DATA

採用:1936年　重量:12.8t　全長:4.46m　全幅:2.14m　全高:2.21m　エンジン:ベルリエ水冷4気筒ディーゼル91hp　武装:37mm砲、7.5mm機銃　最大速度:23km/h　乗員:2名

第6章　フランスの戦車

エンジンから足回りまで当時としては珍しいデザインが採用されている。

ムで結合したボギー転輪2輪ずつを2本のコイルスプリングで支えた4組（8輪）に調節式転輪（1輪）も含めたサスペンションが特徴的だ。この9輪をさらに螺旋式スプリング（ガイド・ロッドとラバー・ショックアブソーバー）で支えた。サスペンション防護を目的とした装甲前板に調節式転輪が車体前部に置かれている点も特筆したい。ほかにリベット接合から溶接（APX）に戻した点は当時としては珍しい。いずれにしても国内産の戦車のなかではオリジナリティに溢れているといえよう。

1936年に100輌が生産、実用化されて追加の100輌生産も予定されていた。結局メーカーとの価格に折り合いがつかず、全生産数は100輌にとどまった。1939年に生産は終了、1940年の第二次世界大戦にて実戦投入された。しかし芳しい結果を出せず、フランスは降伏。ドイツ軍に接収された。ドイツ軍で自走砲を加えた改造が行われ、占領下のフランスを走ることになった。

ARL-44重戦車

ドイツ占領下での抵抗のシンボル

ARLがB1bisをベースにした重戦車。なんとこの計画はドイツ侵攻後で、ドイツ占領下で進められたものである。

B1bisの洗練化が一つの目的で、砲塔はシュナイダー製の長砲身、砲塔の旋回装置はシム力製と、フランス国内のメーカーが秘密軍組織に力を貸して完成にこぎつけた。

生産はARL子会社のFAMHと、フランス第一のルノーが力を結集した。ドイツ軍の監視をかいくぐり、連合軍にいち早く合流しようと奮闘したことがうかがえる。

重量は45t、5人乗り。武装は90㎜砲と7・5

DATA

生産：1946年　重量：45t　全長：10.52m　全幅：3.54m　全高：3.2m　エンジン：マイバッハ水冷ガソリン575hp　武装：90mm砲、7.5mm機銃　最大速度：37.1km/h　乗員：5名

第6章 フランスの戦車

国内メーカーが集結し、ドイツの監視をくぐり抜けて開発された。
© Tyrexdunet

mm機銃2挺。エンジンはドイツのマイバッハ製の水冷ガソリン・エンジンで航空用、また、走行部はスカート・プレートで覆われた。またB1bis同様のサスペンションに60mm厚の装甲で頑丈、これに武装の充実が図られたことになる。

あくまでも国内の戦車データでまかなう必要が迫られたARL-44開発は、大量の戦車開発によって名をなしたフランス軍にとっては困難ながらも実現への希望はあったのである。

生産は60輌を予定された。しかし、これは困難を極めた。結局生産は大戦終了までに間に合わず、1951年7月14日のフランス革命記念日のパレードが初披露となった。

ドイツ占領下の抵抗の証がモニュメントとして人々の目に触れたことになる。この機会が我々の目に触れる実用としての最後の機会となったが、フランス軍での今後の重戦車開発に多くのデータを残したことは間違いない。

AMX-13軽戦車

運用即時可能の軽戦車は植民地政策の需要を満たした

1952年、イシィ・レ・ムリノー製造所で生産。月産45輌が当初の予定だった。この時期はまだフランスの植民地政策は続いていた。かの地で必要とされる戦車の中でも、緊急展開時の需要にAMX-13が使われた。

車体前部の右側に操縦室があり、機関室と隣り合わせている。軽戦車でありながら75mmの長砲身砲を装備しており、同軸に7・5mm機銃もしくは7・62mm機銃が備わった。砲塔は車体後部に置かれている揺動砲塔で、上下に分割している。下部がリングの上で旋回する。そして6発充填式の回転式弾倉2基という自動装填装置がついている。

DATA

採用:1946年 重量:15t 全長:6.36m 全幅:2.51m 全高:2.3m エンジン:SOFAM水冷8気筒ガソリン250hp 武装:90mm滑腔砲、7.5mm機銃×2 最大速度:60km/h 乗員:3名 ※データはAMX-13/90

第6章　フランスの戦車

植民地需要を満たしたAMX-13は多くの派生型を生んだ。
© Alf van Beem

再装填は手作業だが、毎分12発で弾が出る。車体全面は15mm厚、砲塔全面は25mm厚の装甲だ。

AMX-13は多くの派生型を生み出した。モデル51はFL-10砲塔を搭載。SS-11、HOT対戦車ミサイル搭載のものから、90mm砲の武装仕様であるAMX-13/90、FL-12砲塔（105mmライフル砲装備）のAMX-13にFL-15砲塔（やはりこれも105mmライフル砲装備）などである。

ファミリー車輌を含め7700輛が生産されており、運用しやすさを理由に3400輛も輸出されている。25カ国（フランス国内を含む）で使用された。実戦では1950年代にイスラエル軍でも運用されており、60年代の第三次中東戦争まで投入された。

シンガポール、インドネシアなど東南アジアを中心に近代化改装を行いつつ、現在も現役で走っている。

AMX-30戦車

かつてNATO軍運用も目指した実力派戦車

戦後フランスで初の戦車開発がなされ、NATO軍の主力を目指して計画されたのが本車AMX-30である。西ドイツのレオパルトとの競り合いには敗れたが、フランスで使用されることになった。国営のイシィ・レ・ムリノーで車体を、主砲はブルジュDEFA造兵廠で開発された。

1965年に量産されはじめ、1974年までに1046輌が生産、フランス国内では387輌、スペイン、ギリシャといったヨーロッパ、サウジアラビア、イラクなどにも輸出された。

中央部分に司令塔と砲塔があり、乗員は3名。砲手を担当する車長と無線手を兼務する装填手用

DATA

採用:1963年 重量:37t 全長:9.48m 全幅:3.1m 全高:2.29m
エンジン:イスパノ・スイザ水冷12気筒スーパーチャージド・ディーゼル
武装:105mmライフル砲、20mm機銃、7.62mm機銃 最大速度:65km/h 乗員:4名 ※データはAMX-30B2

第6章 フランスの戦車

写真はAMX－30B2。
砂漠仕様も造られた。

の座席がしつらえている。操縦手席にはペリスコープを置いており、暗視式、赤外線式が改良型には設けられる。車体は圧延防弾鋼板を溶接したものだが、装甲は重視したものというよりはむしろ機動性を確保したものと言っていい。砲塔にはM208光学距離測定器が設けられ、18発を砲塔に収納。車体前部には28発の105mmライフル砲を装備。ちなみにG弾と呼ばれる特殊成形炸薬弾が発射可能だ。副砲も20mm機関砲で対ヘリ用といっう、それぞれの武装が実に個性的といえるだろう。

エンジンはイスパノスイザHS110水冷ディーゼル（やはりイスパノスイザ製の自動変速機つき）で、前進5速、後進5速のトランスミッションを一体化させたパワーパック仕様。鋼鉄のシングル・ドライピン型履帯に着脱可能なゴム製のパットを装着した。

国外では砂漠仕様のAMX－30Sが造られ、中東で出回っているほか、いくつかの近代化改修の末、現在でも各国で現役運用されている。

第3世代戦車の優等生
ルクレール

　AMX-30の後継として1983年から開発された戦後第3世代戦車。当初は西ドイツとの共同開発で計画が進められたが、いったん破棄された経緯がある。1991年に1400輌の生産が予定されたが、600輌にとどまった。

　モジュール・アーマー式という複合材を重ねた構造は部品交換や整備を容易にしている。車内にペトロニクスと呼ばれる電子装置を導入していることがルクレールの特色で、これによって充実した通信システムを備えた。砲塔は車長席と砲手席が隣り合ったもので、制御パネルを3面、VDU（多用途情報表示盤）を装備。前述の電子装置

DATA

生産：1991年　重量：54.5t　全長：9.87m　全幅：3.71m　全高：2.53m
エンジン：SACM水冷8気筒ガソリン1500hp　武装：120mm滑腔砲、12.7mm機銃、7.62mm機銃　最大速度：71km/h　乗員：3名

第6章　フランスの戦車

機動性、攻撃力充実の第3世代戦車。
© David.Monniaux

で主砲、副砲のみならず自動装填装置に自動故障診断装置に射撃統制システムも操作することができる。熱映像カメラ、HL-58レーザー測距器、HL-60安定装置つき砲手用照準器とセンサー、モジュラー型デジタル・コンピュータといった様々なシステムを駆使し、命中精度は実に95%だ。主武装はGIAT社製の120mm滑腔砲で、毎分12発の射速を可能にしている。主砲に40発、自動装填装置に22発、さらに操縦席右にも18発備えている。副砲は12・7mm機関銃（主砲と同軸）に加えて7・6mm機銃（砲塔上部）もあり、攻撃力は豊富に備えた。ほかに夜間のための安定照準器、H60サイト、HL15サイトを揃えた。1500馬力のディーゼル・ガスタービン混合エンジンにはスーパーチャージャーつきで機動性は高く、第三世代戦車でも抜きん出ている。
1994年から5年間に388輛がUAE（アラブ首長国連邦）に渡り、ドイツ製ディーゼル・エンジンに換装された。

まだある！
フランスの戦車

残念ながら試作段階にとどまった最強戦車を紹介。

AMX-38軽戦車

AMX社設計の戦車でガス浄化装置や無線装置を装備した試作車。1939年に第二次世界大戦が開戦した際、1～2輌完成していたが実戦投入されなかった。1940年には生産中止。

製造：1939年　重量：16t　全長：5.16m　全幅：1.8m
全高：2.21m　エンジン：アスター水冷4気筒ディーゼル150hp　武装：47mm砲、7.5mm機銃　最大速度：24.1km/h　乗員：―

ルノー B1Ter重戦車

ルノー B1bisの改良系が本車。ルノー製のエンジンを310hpに増強し、75mm砲は左右旋回式にすることで戦闘能力を向上させた。

開発：1935年　重量：36t　全長：6.34m　全幅：2.73m　全高：2.9m　エンジン：ルノー水冷6気筒ガソリン310hp　武装：47mm砲、7.5mm機銃　最大速度：26.5km/h　乗員：5名

ルノーFT M24/25

ルノーFT M24/25は、1924年から1925年にかけて開発された。速度を向上させた本車は、1925年にはモロッコで実戦に投入された。

開発：1924年　重量：6.5t　全長：5m　全幅：1.81m
全高：2.14m　エンジン：ルノー水冷4気筒ガソリン35hp　武装：37mm砲、8mm機銃　最大速度：―　乗員：2名

AMX-40

1983年に試作車が公開された本車は、AMX-30戦車の720hpから1100hpにパワーアップ。1985年までの間に4輌の試作車が完成したが、制式採用されることなく開発は中止された。

開発：1980年代　重量：43t　全長：6.8m　全幅：3.36m
全高：2.38m　エンジン：ディーゼル1100hp　武装：120mm滑腔砲、7.62mm機銃、20mm機関砲　最大速度：70km/h　乗員：4名

第7章
イタリアの戦車

ヨーロッパの中でも軍力を誇るイタリア軍。第二次世界大戦で活躍した名車から、現代の戦車まで徹底解説。

フィアット2000

イタリア初の国産戦車

フィアット2000モデル、ティーポ2000とも呼ばれる重戦車は、現在は自動車メーカーとして知られるフィアット社が、1916年に開発をスタートさせたイタリア初の国産戦車である。円筒形の砲塔が特徴で、1916年8月の開発開始から約2カ月で試作車輌の製作に着手、1917年6月に完成した試作車輌には、モデル17の名称が与えられている。1918年には4輌が生産され、2両がイタリア陸軍へと寄贈されている。

試作車輌の段階では火砲の選定が終わっていなかったが、後に65mm砲を装備されることとなる。箱形の構造に加え、全周を攻撃可能範囲とするた

DATA

生産：1919年　重量：40t　全長：7.4m　全幅：3.1m　全高：3.8m
エンジン：フィアット水冷6気筒ガソリン240hp　武装：65mm砲、6.5mm機銃×7　最大速度：7.4km/h　乗員：10名

第7章 イタリアの戦車

イタリア初の国産戦車は防御重視の巨大仕様。

めに6・5mm機銃が前部に2挺、後部に3挺、両側に1挺ずつの合計7挺が装備されていた。スカート状の装甲に覆われた足回り部分は、サスペンションとしてスプリング式ボギーを採用、ドイツで生産されたA7Vとよく似た形状をしている。エンジンはフィアット社の240馬力ガソリンエンジンが用いられている。

当時、イタリアでの装甲車輌の配備はヨーロッパ他国に比べて遅れており、第一次世界大戦の時点では戦車を参戦させることができていなかった。このフィアット2000モデルはその遅れを取り戻すべく開発されたものだといえる。

速度こそ最大で7・5km/h程度と決して機動性に優れたものではなかったが、最大装甲厚は20mmと防御に優れ、また後に生産されたモデルにおいては車体全面の機銃を37mm半自動砲に換装するなど、装備換装によってその独創的な車輌の構造を活用し、最終生産車輌は1934年頃まで現役で使用されていた。

フィアット3000

フランス戦車がモデルの軽戦車

第一次世界大戦当時、戦車の配備に関して他国に遅れを取っていたイタリアは、自国での開発と並行して、フランスからルノーFT戦車の部品を購入、自国で組み立てる計画を立てていた。当初は100輌分の部品を輸入する予定だったが、納入の遅れなどから結果的に数両分の部品しか手に入れることができず、イタリアはその部品をもとに、フィアット社にルノーFT戦車のコピー生産を命じることとなった。そして生産されたのがこのフィアット3000モデルである。

試作車輌は1920年6月に製作が開始され、翌年の試験を経て1923年に配備されることと

DATA
採用：1921年　重量：5.9t　全長：4.29m　全幅：1.67m　全高：2.2m　エンジン：フィアット水冷4気筒ガソリン　武装：37mm砲　最大速度：22km/h　乗員：2名　※データは1930年型

第7章　イタリアの戦車

ルノーFT戦車のコピー製品だが、改良を重ねた国産オリジナル。

なった。この間に、単なるコピー品ではなく、エンジンの配置など見た目からはわからない部分にフィアット社独自の改良が施されている。また、ルノーFT戦車の特徴である塹壕を乗り越えるための後部の橇は後期のモデルにおいては取り外されている。開発当時の武装は連装の6.5mm機銃から8mm連装機銃を経て、37mm砲を装備したタイプも生産されている。このタイプは1930年に制式化され、フィアット3000Bと呼ばれていた。のちにイタリア陸軍での名称変さらによってL5軽戦車として再区分され、少数が第二次世界大戦にも参戦している。

その生産のタイミングから、第一次世界大戦当時には配備されず、第二次世界大戦当時においては既に旧式化が否めず、他国の強力な戦車を相手にするにはかなり非力な存在であった。1940年のギリシャ侵攻、1943年のシチリア島の守備にわずかにその姿が見られたが、主力とは見なされておらず、活躍した場面はほとんど見られなかった。

フィアット・アンサルド L3カルロ・ベローチェ

小型で安価な「豆戦車」の流行

1930年代、各国の軍部がこぞって採用していた安価な小型戦車がある。「豆戦車」と呼ばれるタイプで、イタリア陸軍もその潮流に乗ることとなる。小型戦車の採用は、第一次世界大戦後の財政難に加え、蓄積された技術力が少なかったイタリアにとってはある意味で必然の道ともいえた。

開発にあたりイタリア陸軍は、イギリスのヴィッカース・アームストロング社からカーデン・ロイドMk.Ⅳ豆戦車をそのライセンス生産権利とともに購入し、これをベースに独自の改良を加え、国産の小型戦車の開発を始めた。そこで生まれたのがのちにL3軽戦車と呼ばれることになる

DATA

採用：1933年 重量：3.2t 全長：3.2m 全幅：1.4m 全高：1.28m エンジン：フィアット水冷4気筒ガソリン43hp 武装：8mm機銃×2 最大速度：42km/h 乗員：2名 ※データはL3/33セリエⅡ

第7章 イタリアの戦車

北アフリカ戦線で連合軍に捕獲された「豆戦車」L3の姿。

　C.V.29、1929年型快速戦車であった。制式採用時にはC.V.33として配備される。ベースとなったカーデン・ロイドによく似たC.V.33は、組み立てが容易になるようボルトとリベットで接合されたシンプルな構造になっており、武装を変更することで別モデルも多数生産されていた。小型で安価なことから、軽戦車としてだけでなく、飛行場での牽引車輛、弾薬トレーラーなどとしても活用され、イタリアが第二次世界大戦に参戦した1940年6月の時点で、実にイタリア陸軍戦車の75％をこのL3軽戦車が占めていたといわれる。また、後期で名称が異なるのは、イタリア陸軍の名称変更でCV（快速戦車）がL（軽戦車）へと再区分されたことが影響している。
　しかしこの安価で小型というL3軽戦車の特徴が実際の戦場では仇となった。簡易な構造では強力な武装を搭載することができず、また同時に装甲も他国の戦車に比べると貧弱なものであり、とても対抗することができなかった。

フィアット・アンサルド L6-40軽戦車

足回りが特徴的な独自の能力

L3軽戦車は安価に生産が可能でイタリア陸軍内において大量に配備されたが、砲塔を持たず、装甲にも不安があるL3では力不足だった。1936年頃からフィアット・アンサルド社はL3を改良した5t級の輸出用軽戦車の開発を行っており、そこで生まれたカルロ・カノーネと呼ばれる試作車輌が、L6-40軽戦車のベースとなった。

L6-40は車体の基本的構造こそリベット接合のL3モデルとあまり変わらなかったが、砲塔を装備したことでより強力な砲を搭載することが可能になり、それに加えて足回りの機構がほぼ一新された。トーションバーと呼ばれる、金属棒がばね

DATA

採用：1940年　重量：6.8t　全長：3.78m　全幅：1.92m　全高：2.03m　エンジン：フィアット水冷4気筒ガソリン68hp　武装：20mm機銃、8mm機銃　最大速度：42km/h　乗員：2名

第7章 イタリアの戦車

トーションバー・サスペンション装着の足回りはL6独自の改良点。

じれる時の反発力を利用したサスペンションを採用しており、軌道の接地長もより長くなり、安定性が増している。これらの足回りの機構の改良はイタリアで開発された他の戦車にはあまり見られないものであり、L6の独特な機構の一面となった。

1940年に制式化されたL6-40は、生産時には試作車輌に比べてさらに砲塔が大型化され、20mm機関砲ブレダ35を装備、これは徹甲弾を用いることで43mmの装甲板を貫くことも可能な強力なものであった。足回りの改良によって機動性も良好で、偵察任務などに広く用いられた。

だが、生産が第二次世界大戦開戦後と1941年からという遅れが仇となり、他国の戦車と比べると見劣りする部分も多かった。結果的にその生産は1942年末で打ち切られてしまうこととなり、その後は車台部分のみが自走砲のベースとして用いるために細々と生産されるのみとなった。生産台数は多くなかったが、残存した車輌は1952年頃まで使用されているのが確認されている。

ディーゼルエンジン搭載の中戦車
カルロ・アルマート M11/39 中戦車

DATA
採用：1939年　重量：11t　全長：4.73m　全幅：2.18m
全高：2.3m　エンジン：フィアット水冷8気筒ディーゼル
武装：37mm砲、8mm機銃×2　最大速度：33km/h　乗員：3名

右手前よりM11/39（2台とも）。左手奥はM13/40。

イタリア陸軍初の中戦車、M11/39はスペイン内戦においてイタリアが反乱軍に武器援助を行った際、L3などの軽戦車よりも、試験的に用いていた8t級中戦車の試作車輌が活躍を見せたことから開発が始まった。車体構造をさらにスケールアップさせて開発された11t級のM11/39は、燃費が良く、被弾時にも発火しにくいディーゼルエンジンを採用、重量の増加に伴い、足回りは転輪を小型化し、板ばねを重ねたリーフサスペンション方式となっている。

1939年から40年にかけて100輌が生産され、リビアでの戦線に投入されたが、ほとんどの車輌が戦闘で失われ、数輌はオーストラリア軍に鹵獲されてしまった。

第7章 イタリアの戦車

大型化を進めて弱点を克服
カルロ・アルマート M13/40中戦車

DATA
採用:1940年 重量:13.7t 全長:4.92m 全幅:2.17m
全高:2.25m エンジン:フィアット水冷8気筒ディーゼル 125hp 武装:47mm砲、8mm機銃 最大速度:32km/h 乗員:4名

砂漠を走行するM13/40。1941年4月北アフリカ戦線。

M11/39中戦車は、射界が狭くなり照準が困難という弱点があった。これを克服するために開発が進められたのがM13/40である。車台部分はM11/39とほとんど同一のものを使用することで開発期間を短縮、8mm連装機銃を装備していた小型の砲塔を全周旋回式砲塔に変更、戦闘力を向上させた。

この砲塔は動力旋回式砲塔で、射界が限定されてしまう弱点を克服したことに加え、さらに強力な47mm砲を装備することが可能であった。車体の大型化に合わせてディーゼルエンジンもより出力の高いものに換装されており、機動性は良好。リビア戦線に投入され、エアフィルターの必要性などが後継機の開発に生かされている。

第二次世界大戦最後の中戦車
カルロ・アルマート M15/42中戦車

DATA
採用：1942年　重量：15.5t　全長：5.04m　全幅：2.23m　全高：2.39m　エンジン：フィアット水冷8気筒ガソリン192hp　武装：47mm砲、8mm機銃×3　最大速度：40km/h　乗員：4名

車体構造はM14/41とほぼ同じだが主砲は長砲身。
© Fat yankey

M15/42中戦車は第二次世界大戦においてイタリアがドイツに占領される前、最後に制式化された中型戦車としても知られている。

M14/41に比べても車体構造などに大きな変更はないが、当時のディーゼル燃料不足からガソリンエンジンが搭載されている。主砲は32口径から40口径に長砲化されており、発射時の初速が増大している。このイタリア軍最後の中型戦車は1943年に配備されたが、直後に中型戦車をすべて自走砲として生産する方針変更がなされ、M15/42としては82輌しか生産されなかった。イタリアが降伏した後、ドイツ軍占領下において、未完成のまま工場にあった同型車輌30輌を接収された。

第7章 イタリアの戦車

ムッソリーニが夢見た重量級戦車
カルロ・アルマート P26/40重戦車

DATA
採用:1940年 重量:26t 全長:5.8m 全幅:2.8m 全高:2.52m エンジン:フィアット水冷12気筒ディーゼル 武装:75mm砲、8mm機銃 最大速度:40km/h 乗員:4名

第二次世界大戦下、イタリア軍最初の重量級戦車として開発された。

当時のイタリア陸軍は重戦車を保有しておらず、ムッソリーニ総統の要望を受け、1940年頃にフィアット・アンサルド社はイタリア国産の重戦車の開発を始めた。

これまで多数の戦車を開発してきたフィアット・アンサルド社だが、重量級戦車の開発は難航した。

重量や装甲の調整など、3号までの試作車輛を経て完成したP26/40重戦車は、製造発注の直後の1943年にイタリア降伏を迎え、イタリアによって生産されたものはごくわずかであり、その後はドイツ軍によって約100輌が生産された。だがそれらも、エンジンの数が足りず戦線に投入されたものは稀であり、その多くは車体を固定砲台として使用された。

OF-40

輸出用に開発された40t級戦車

戦後、主力となる戦車の製造技術を求めていたフランスは、当時の西ドイツと共同で主力戦車の開発に着手。のちにイタリアが加わることになる。結果的には三者三様の開発を進めていくのだが、イタリアは1970年に西ドイツのレオパルト1を輸入し、オート・メラーラ社がライセンス生産を行うことになる。

同社はこのノウハウを生かして1977年頃から新たな輸出用主力戦車の開発を開始、ここでフィアット社との共同開発を行うことになる。オート・メラーラ社が砲塔や車体部分を担当、フィアット社はエンジン関連の設計を担当した。それぞれの

DATA

生産：1980年　重量：45.5t　全長：9.22m　全幅：3.51m　全高：2.68m
エンジン：MTU水冷10気筒スーパーチャージド・ディーゼル830hp　武装：105mmライフル砲、7.62mm機銃×2　最大速度：60km/h　乗員：4名　※データはMk.I

第7章 イタリアの戦車

フィアット社が輸出向けに開発したOF-40。

社名を取り、OF-40主力戦車が開発された。OF-40の設計はレオパルト1A4をモデルとしており、部品も流用されたものが多く、車体構造もよく似ている。イタリアが独自に改良した部分としては、主に車体構造や足回りなどの駆動系よりも、兵装の強化が挙げられる。主砲の口径を上げ、射撃統制装置もイタリア製に変更されている。レオパルト1のライセンス生産で蓄積した技術を存分に生かした主力戦車ではあったが、輸出用としての売り上げはそこまで伸びなかった。アラブ首長国連邦が初期型のMk.Iを18輌、改修を加えたMk.2を追加発注した程度である。その後主砲を120mm滑腔砲に換装し、火力を増強したモデルも開発されたが、これも制式採用されることはなかった。

輸出の売り上げこそ芳しくはなかったが、このOF-40の設計によってイタリアはさらに戦車製造のノウハウを蓄積し、それらがのちの新規主力戦車の開発へと繋がっていくのである。

戦後初のイタリア独自の設計
C-1 アリエテ戦車

DATA
採用：1990年　重量：54t　全長：9.67m　全幅：3.6m
全高：2.5m　エンジン：IVECO水冷12気筒ターボチャージド・ディーゼル　武装：120mm滑腔砲、7.62mm機銃×2　最大速度：65km/h　乗員：4名

全溶接構造、砲塔の傾斜は戦後イタリアの独自設計。
© Kaminski

イタリアが国産の主力戦車として独自開発したのが、このC-1アリエテ戦車だ。アメリカから輸入し運用していたM47戦車の旧式化を受け、イタリア陸軍は国内メーカーに国産戦車の開発を依頼。オート・メラーラ、ガリレオ・アビオニカなど多数の国内企業が開発チームを組み、1982年に開発がスタート、1990年に制式採用された。全溶接構造による頑健な車体構造、砲塔の装甲が避弾経始による強い傾斜構造になっている。120mm滑腔砲を装備し、火力は当時の西側諸国の主力戦車と比べても劣らないものだった。計200輌が生産され、現在もイタリア陸軍の主力戦車として配備されている。

第8章
スウェーデン・チェコ・ポーランドの戦車

ヨーロッパの中でも技術を駆使して名車を生み出してきた、
スウェーデン、チェコ、ポーランドの戦車を見る。

一時はナチスドイツに接収されたが……
Strv m/41 スウェーデン

DATA
採用：1939年　重量：11t　全長：4.61m　全幅：2.14m　全高：2.35m　エンジン：スカニア・バビス水冷6気筒ガソリン160hp　武装：37mm砲、8mm機銃×2　最大速度：48km/h　乗員：4名

写真は160馬力のエンジンを搭載したS/Ⅱ。
© Joshua06

旧チェコスロバキアのTNH-Svのライセンス生産型の軽戦車。L-60系列に限界を感じたスウェーデン陸軍が1938年にチェコスロバキアのCKD社に発注したものだが、1939年にドイツがボヘミアとモラビアを占領し、TNH-Svも接収してしまう。だが、スウェーデンはTNH-Svのライセンス生産権を獲得して、Strv m/41を造り出した。145馬力のエンジンを搭載した初期型のS/Ⅰと、より高出力の160馬力のエンジンを搭載した改良型のS/Ⅱの2種がある。車体はやはりチェコのCKD／プラガAH-Ⅳ-Svが原型のStrv m/37と同形式だったが、上部転輪は1輪から2輪になっている。

第8章 スウェーデン・チェコ・ポーランドの戦車

戦後も活躍した75mm砲搭載戦車
Strv m/42 スウェーデン

DATA
採用：1942年 重量：22.5t 全長：6.22m 全幅：2.34m 全高：2.56m エンジン：スカニア・バビス水冷6気筒ガソリン×2 320hp 武装：75mm砲、8mm機銃×2 最大速度：42km/h 乗員：4名

主砲はのちに長砲身化された。

スウェーデン初の75mm砲搭載の戦車で、戦後も長く使用された。開発の背景として、第二次世界大戦の激化によってStrv m/41が列強の新型戦車に見劣りするようになったという状況があった。

1941～1942年にABランツベルク社で開発され、ランツベルクの傑作L-60の拡大発展型大型化した車体の転輪は片側6輪となり、トーションバーの独立式サスペンションも採用された。大戦中の戦車の進歩のスピードが速いため、1943年に生産初号車がスウェーデンに引き渡された時点で時代遅れとなっていたが、1957年には主砲を短砲身の75mm砲から長砲身の75mm砲に換装。1981年まで使用された。

Strv 74

戦後のStrv m/42の発展型

スウェーデン

DATA
生産：1957年　重量：26t　全長：7.93m　全幅：2.43m
全高：3m　エンジン：スカニア・バビス水冷6気筒ガソリン
×2 340hp　武装：75mm砲、8mm機銃×2　最大速度：
45km/h　乗員：4名

Strv m/42から主砲を長砲身化した。
© Johan Elisson

第二次世界大戦の段階ですでに旧式の存在だったStrv m/42だが、戦後もいくつかの発展型の戦車を生み出している。このStrv 74も、そのひとつ。

車体に手をつけずに新型の砲塔に改装された。搭載された主砲は長砲身の75mm砲。名称もStrv 74と改められた。

このStrv 74ももとのStrv m/42と同じく、やがて時代の流れに取り残され、70年代半ば以降は水陸両用戦車のIkv 91にその座を奪われてしまう。Strv 74以外の派生型としては、歩兵支援戦車として改装されたIkv 73や、Strv m/42の車体を流用したPvkv m/43がある。

308

第8章 スウェーデン・チェコ・ポーランドの戦車

砲塔を持たないユニークな車体
Strv 103

スウェーデン

DATA
生産：1966年　重量：39.7t　全長：8.99m　全幅：3.63m
全高：2.43m　エンジン：ロールス・ロイス水冷6気筒ディーゼル240hp　武装：105mmライフル砲、7.62mm機銃×3
最大速度：50km/h　乗員：3名　※データはStrv.103B

森林地帯での作戦のため、砲塔を廃して車高を低くした。
© Mats Persson

「Sタンク」とも呼ばれるユニークな戦車。無砲塔、自動装填装置、油気圧式懸架装置、ガスタービンとディーゼルエンジンの混載（戦闘時はガスタービン、通常走行時はディーゼルエンジンを使用する）など、様々な特徴を持っている。スウェーデンならではの森と湖や岩の多い土地で敵を待ち伏せしての戦闘に特化したため、敵から見つからないようにするためにも車高を低くする必要もあって砲塔を廃した。1958年より開発がスタートして、1966〜1971年に300輌が生産された。1983年にはエンジンや装備などの改良が行われ、1992年からはHEAT弾対策で増加装甲が車体全面に取りつけられた。

Ikv91水陸両用戦車

湖の多い土地ならではの戦車

スウェーデン

前頁で紹介したStrv103は自国内で戦うことを前提として開発された。スウェーデンには武装中立の国是があり、他国に攻め込むのではなく、侵攻してきた敵を自国の領土で迎え撃つことを想定しているのだ。

その場合、約9万もの湖がある国土事情も考えなければならない。湖が多いスウェーデンの土地柄に対応して、水陸両用の性能を与えられたのが、このIkv91だ。

開発と生産を担当したのはヘグルンド&ゾナー社(現BAEシステムズ・ヘグルンド社)で、1969年に試作車、1974年に先行量

DATA
生産:1975年 重量:16.3t 全長:8.84m 全幅:3m 全高:2.32m
エンジン:ボルボ水冷6気筒ターボチャージド・ディーゼル330hp 武装:90mm低圧砲、7.62mm機銃×2 最大速度:65km/h 乗員:4名

第8章 スウェーデン・チェコ・ポーランドの戦車

水上浮航の性能を向上、そのため装甲は薄い。
© Mats Persson

産車が完成し、1975年から量産が始まって、1978年までに210輌が生産されて、スウェーデン陸軍にのみ配備された。

車体前部には水上浮航用のトリムベーン（波切板）がある。水上浮航は履帯の駆動で行い、サイドスカートも推進力を向上させる。水上での最大速度は時速6・5km。水上浮航の性能と引き換えに、装甲が薄くなっていて、あまり防御力が高くないという弱点もある。

主砲は国産のボフォース製90mm低圧砲KV90S73で、携行弾数は59発。主砲同軸と装填手用ハッチの7・62mm機銃が副武装として装備されている。

エンジンはボルボ社のTD120A 6気筒液冷ターボディーゼルエンジン。操向機と足回りはPbv302装甲兵員輸送車と共通のもの。

1970年代より長く現役として活躍したが、2000年代までにStrf 90に換装されて、全車退役した。

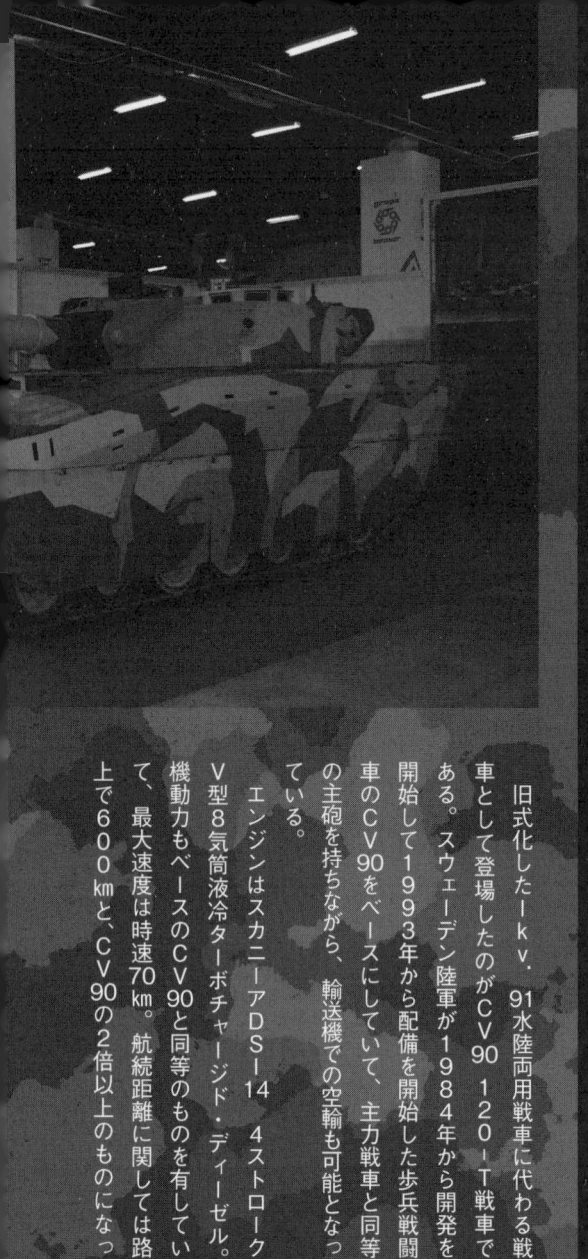

CV90 120-T戦車

高い火力と機動力を両立させた

スウェーデン

旧式化したkv.91水陸両用戦車に代わる戦車として登場したのがCV90 120-T戦車である。スウェーデン陸軍が1984年から開発を開始して1993年から配備を開始した歩兵戦闘車のCV90をベースにしていて、主力戦車と同等の主砲を持ちながら、輸送機での空輸も可能となっている。

エンジンはスカニアDSI-14 4ストロークV型8気筒液冷ターボチャージド・ディーゼル。機動力もベースのCV90と同等のものを有していて、最大速度は時速70km。航続距離に関しては路上で600kmと、CV90の2倍以上のものになっ

DATA

採用：1993年　重量：27.7t　全長：8.95m　全幅：3.1m　全高：2.3m
エンジン：スカニア水冷8気筒ターボチャージド・ディーゼル606hp　武装：120mm滑腔砲、7.62mm機銃
最大速度：70km/h　乗員：4名

第8章 スウェーデン・チェコ・ポーランドの戦車

火力のみならず機動性に優れ、空輸も可能。

ている。主砲はスイスRUAGランドシステムズ社製の120mm滑腔砲。砲塔後部には12発を収容する半自動式の装填装備が搭載されていて、発射速度は毎分12〜14発。主砲の攻撃力や、射撃統制システムの性能は戦後第3世代MBTなみのものがあると評されている。

BAEシステムズ・ランドシステムズ・ヘルグント社が自社開発して、1998年に試作車が完成。スウェーデン陸軍とスイス陸軍に採用されている。

装甲の防御力が弱いという弱点を持つが、それを補うため、車体の前面と側面にアーカス・クルッツブルク社製の反応装甲を装着したタイプも開発されている。

反応装甲とは、対戦車ロケットや対戦車ミサイルの接近をセンサーが感知すると自動的に炸裂して敵のミサイルやロケットを撃墜するもので、反応装甲を装着したCV 120-T戦車はフィンランド、スイス、ノルウェー、デンマーク、オランダでの採用が決定したという。

まだある！
スウェーデンの戦車

戦車だけではない、自走砲や装甲車など自衛隊の主力兵器をご紹介。

Strv m/31

スウェーデンのABランツベルク社が製作した傑作車の一つ。1934年に数輌がスウェーデン陸軍に配備された。

完成：1931年 重量：11.5t 全長：5.2m 全幅：2.15m 全高：2.22m エンジン：ビューシング空冷6気筒140hp 武装：37mm砲、機銃×2 最大速度：— 乗員：4名

Strv m/21

ドイツのヨゼフ・フォルマーが手がけた本車は、ドイツの試作車LK.Ⅱを参考に製作された。エンジンは車体の前方に搭載された。10輌のみ生産。

開発：— 重量：9.7t 全長：5.7m 全幅：2.06m 全高：2.52m エンジン：ダイムラー水冷4気筒55hp 武装：6.5mm機銃 最大速度：— 乗員：4名

Strv122

ドイツ軍のレオパルト2A5をスウェーデン陸軍が採用し、改良を重ねた本車。モジュラー型の戦車指揮／統制システムを装備している。

採用：— 重量：64.5t 全長：9.97m 全幅：3.74m 全高：2.64m エンジン：MTU液冷12気筒ターボチャージド・ディーゼル1500hp 武装120mm滑腔砲、7.62mm機銃×2 最大速度：72km／h 乗員：4名

第8章 スウェーデン・チェコ・ポーランドの戦車

チェコ

チェコ初の国産戦車
T-33豆戦車
(CKD/プラガP-Ⅰ)

DATA
採用:1933年 重量:2.3t 全長:2.7m
全幅:1.75m 全高:1.45m エンジン:
プラガ水冷4気筒ガソリン31hp 武装:
7.92mm機銃×2 最大速度:35km/h
乗員:2名

チェコ初の国産戦車は「豆戦車」ながら国境配備を任された。

ベースとなったのは、旧チェコスロバキアに送られた試験用ビッカース・アームストロング2名乗車戦車。その戦車で様々な実験を行い、その結果をもとにCKD/プラガが開発したのが、このT-33豆戦車である。

武装としては、軽機関銃2挺を装備している。エンジンは31馬力のプラガ水冷4気筒ガソリンエンジン。チェコスロバキア陸軍の評価は決して高くはなかったが、経済的な理由から発注数は増えていき、チェコスロバキア陸軍が制式採用して70輌を配備。ドイツがチェコスロバキアを占領する1939年まで国境警備部隊で使用された。併合後はスロバキア軍に30輌が引き渡された。

初めて大量生産された主力戦車

LT-34軽戦車

チェコ

走行性能はじめT-33の反省点から生まれた軽戦車。

DATA
採用：1935年　重量：7.5t　全長：4.6m　全幅：2.1m
全高：2.22m　エンジン：プラガ水冷ガソリン62hp　武装：37mm砲、7.92mm機銃×2　最大速度：30km/h　乗員：4名

初めて本格的に大量生産されたチェコスロバキア製戦車。走行性能が悪く、防御力も低いなど実用性にとぼしかったT-33に見切りをつけて、新規に開発された。

チェコスロバキア陸軍に採用されて、50輌が発注されている。

主砲のシュコダ37mm砲はのちにLT-35の主砲としても使われたもので攻撃力が高かった。同時にLT-34は整備性も高い設計で、エンジン、操向装置、サスペンションも評価された。当時の戦車として性能は高かったが、騒音が乗員に疲労を与えるほど大きいなど欠点もあった。

1938年にはエンジンと変速機がLT-38軽戦車で用いられているものに換装されている。

316

第8章 スウェーデン・チェコ・ポーランドの戦車

先進的だったが、故障も多かった
LT-35軽戦車

チェコ

DATA
採用：1935年　重量：10.5t　全長：4.9m　全幅：2.1m
全高：2.35m　エンジン：スコダ水冷6気筒ガソリン120hp
武装：37mm砲、7.92mm機銃×2　最大速度：34km/h
乗員：4名

ドイツ軍による占領後も生産は続き、35(t)戦車として用いられた。

当時としては先進的な戦車で、圧搾空気を利用した操向装置や変速器操作装置を取り入れていた。

だが、一方で構造が複雑であったため、故障が多発したという悪い面も見られた。

ドイツがチェコスロバキアを占領したあとは、ドイツは35式戦車として接収し、生産も継続して行わせた。1936～1937年にはルーマニアに輸出されていたが、1940年以降はドイツから輸出された。

ドイツは244輌を自軍のものとして装甲部隊に配備、ポーランド戦から実戦に投入した。フランスやソ連侵攻作戦でも使われたが、1942年に第一線から退いている。

ドイツ軍の戦車として活躍
LT-38軽戦車

チェコ

DATA
採用：1938年　重量：9.73t　全長：4.56m　全幅：2.15m
全高：2.26m　エンジン：プラガ水冷6気筒ガソリン125hp
武装：37mm砲、7.92mm機銃×2　最大速度：42km/h
乗員：4名　※データはA型

38(t)戦車の名称を与えられてドイツ軍で活躍した。写真は1941年のもの。

チェコ併合により、ドイツが無血で手に入れたLT-38軽戦車。試作車が1937年の年末に完成し、チェコスロバキア陸軍が1938年4月に採用していたが、すべてがドイツ軍に引き渡された。

ドイツのものとなったLT-38軽戦車は、戦車不足に悩まされていたドイツ軍に大いに役立った。

LT-38軽戦車は主砲の口径長、装甲ともに当時主力だったドイツのⅢ号戦車をしのぐ性能を持っていた。ドイツ軍はその優秀さを見抜いた上で、砲塔内の主砲弾薬箱を外して、装填手1名を収容するなど改良を加えた。

ポーランド戦など各地で活躍したが、1994年9月づけで第一線から外された。

第8章 スウェーデン・チェコ・ポーランドの戦車

各国で採用された小型戦車
AH-Ⅳ小型戦車

チェコ

DATA
完成:1935年　重量:3.5t　全長:3.2m　全幅:1.79m
全高:1.69m　エンジン:プラガ水冷6気筒ガソリン55hp
武装:7.92mm機銃×2　最大速度:45km/h　乗員:2名

スウェーデン陸軍で配備されたAH-Ⅳ小型戦車。

THN軽戦車シリーズの機構や予備部品の多くを流用して、THN軽戦車を小型化した戦車。乗員は操縦手と車長兼銃手の2名。

1935年に試作車が完成して、イラン陸軍の要求から開発されて、イラン陸軍が50輌を採用。ルーマニア軍仕様車R-1がルーマニアの王立第1騎兵師団に配備された。

スウェーデン陸軍でもStrv m/37という名称で50輌が配備された。

武装は採用した国によって異なり、スウェーデンは8mmのブローニング機関銃を2挺装備した。

足回りの大型転輪2個を1組としてリーフスプリングで結合した懸架装置は後のLT-38でも用いられている。

TK-3/TKS豆戦車

ドイツ相手に健闘した豆戦車

ポーランド

ポーランドが開発した豆戦車のTKシリーズ。まず、イギリスから輸入したカーデン・ロイドMk.Ⅵをベースとして、1929年にTK-1とTK-2の試作車体が造られた。そして、様々な試験の結果、TK-2を原型として生産型が製作された。その新型がTK-3である。1931年から生産が開始したTK-3。TK-2では開いていた状態の車体上部が密閉され、装甲も3～7mmから3～8mmにわずかだが改良されて防御力が向上した。武装は7・92mm機関銃1挺が装備された。エンジンはフォードA型空冷4気筒エンジンで、最大速度は時速46kmだった。

DATA

生産:1934年 重量:2.65t 全長:2.56m 全幅:1.76m 全高:1.33m エンジン:ポルスキフィアット空冷4気筒ガソリン46hp 武装:7.62mm機銃 最大速度:40km/h 乗員:2名 ※データはTKS

第8章 スウェーデン・チェコ・ポーランドの戦車

車体上部を密閉し、装甲厚も増強したTK-3。

ポーランドはTKシリーズの改良を続ける。1933年にTK-3の性能向上型であるTKSを生み出し、1934年から248輌（390輌や280輌との説もある）が生産された。

TKSはTK-3の装甲を増加して、ポーランド製のフィアット・エンジンを搭載。幅広の履帯を使ってサスペンションも強化している。武装の面では、照準器やペリスコープが追加された。

1936年には火力を強化するための開発が始まり、ポーランド製20mm FKA wz/38機関砲が採用された。

主力戦車ではなく偵察で活躍したTK-3、TKSだが、目覚ましい戦果もあげている。TKSに乗ったマン・エドゥムンド・オルリックは、ドイツ軍の35（t）戦車を待ち伏せして3輌を撃破。その翌日にも35（t）戦車を3輌撃破し、ドイツの戦車大隊の攻撃を頓挫させた。

ポーランドはドイツに敗れるが、その戦いの中で、TKSが一矢報いていたのである。

戦車と装甲車を33輌も撃破!?

7TP軽戦車

ポーランド

DATA

生産：1937年　重量：9.9t　全長：4.75m　全幅：2.4m
全高：2.27m　エンジン：ザウラー6気筒ディーゼル110hp
武装：37mm砲、7.92mm機銃　最大速度：32km/h　乗員：3名

本車の単砲塔型は、ドイツ戦車相手に善戦した。

イギリスのヴィッカースMk.Eをベースにした戦車で1934年から量産が開始された。エンジンはガソリン・エンジンからポーランド製（もとはスイス製）ザウラー・ディーゼル・エンジンに換装されている。装甲はベースになったヴィッカースMk.Eからも強化されている。

7TP軽戦車には双砲塔型と単砲塔型の2タイプがあり、単砲塔型はドイツ軍の主力対戦車砲に負けない性能を持つスウェーデン・ボフォース社製の37mm対戦車砲wz.36が装備された。

単砲塔型は、ポーランド侵攻時の1939年9月4～5日にドイツ戦車と装甲車33輌を撃破したといわれている。

第8章 スウェーデン・チェコ・ポーランドの戦車

PT-91戦車

T-72を独自に強化

ポーランド

DATA
採用：1995年　重量：45.3t　全長：9.67m　全幅：3.59m
全高：2.19m　エンジン：水冷12気筒スーパーチャージド・ディーゼル850hp　武装：125mm滑腔砲、12.7mm機銃、7.62mm機銃　最大速度：60km/h　乗員：3名

PT-91の改良ポイントは、爆発反応装甲と側面スカート。
© Pibwl

ポーランドのZMBL社が、ソ連のT-72をライセンス生産してきた経験をもとにT-72を発展させて開発したのが、PT-91だ。

1992年から開発がスタートし、1992年に最初の試作戦車が完成。1998年までに60輌がポーランド陸軍に納入された。

PT-91の主な改良点は、総合的射撃統制システムとパッシブ式暗視装置の追加、爆発反応装甲を車体の前面と側面スカートへの取り付け、照準・誘導レーザー感知センサーの設置、機関室と戦闘室内への延焼防止装置の設置、850馬力のエンジンにパワーアップした点などである。

正方形の反応装甲はポーランド製で、PT-91の大きな特徴だ。

輸出での外貨獲得も見据える
T-72M1戦車

ポーランド

DATA
生産：1994年　重量：41.5t　全長：9.53m
全幅：3.59m　全高：2.19m　エンジン：水冷12気筒スーパーチャージド・ディーゼル780hp
武装：125mm滑腔砲、12.7mm機銃、7.62mm機銃　最大速度：60km/h　乗員：3名

車体前面の装甲厚アップと砲塔前面の複合装甲材がT-72M1の特徴。
© Jozef Kotulič

車体前面の16mmの増加装甲と、砲塔前面の複合装甲材が特徴のT-72M1。T-72は世界各国に輸出されたソ連の戦車だが、輸出バージョンはT-72Mというタイプで、T-72M1はポーランドがライセンス生産を行ったものである。

主砲はD81T125mm滑腔砲。PT-91と同じ爆発反応装甲も取りつけられている。

T-72M1はポーランド軍のために生産されるだけでなく、外貨獲得のため輸出されていて、イランなどに売られている。

ポーランドは初弾命中能力などを向上させたT-72M1Zという改良型も開発しているが、こちらも輸出を狙ったものである。

第9章
中国・韓国・北朝鮮の戦車

中国最新の99式戦車や、韓国が誇るK2戦車、北朝鮮の暴風号など、東アジアの脅威となる戦車を見ていこう。

59式戦車

半世紀以上君臨した中国軍主力戦車

中国

DATA
採用:1961年 重量:36t 全長:9m 全幅:3.27m 全高:2.59m エンジン:水冷12気筒ディーゼル520hp 武装:100mmライフル砲、12.7mm機銃、7.62mm機銃 最大速度:50km/h 乗員:4名 ※データは59式戦車

ソ連製T-54に主砲やエンジンなどを改良、派生型も生んだ。

基本構造や性能は、ソ連のT-54戦車と同じだが、何度か改良して、105mm滑腔砲やレーザー測距装置の採用、エンジン出力の強化など西側諸国の技術を導入した。T-54戦車を内モンゴル自治区内の工場において、ライセンス生産を開始した。

本車を母体に、69式戦車、79式戦車が開発され、戦車回収車などの派生型も存在する。ベトナム戦争、インド・パキスタン戦争、中越戦争、イラン・イラク戦争、湾岸戦争などに参加。また北朝鮮、ベトナム、パキスタン、イラクなど各国に多数輸出された。現在も人民解放軍をはじめ各国で配備されており、総生産台数は1万輌にのぼる。

第9章 中国・韓国・北朝鮮の戦車

山岳の戦いに備えた軽戦車
62式軽戦車

中国

DATA
生産：1963年　重量：21t　全長：7.9m　全幅：2.9m
全高：2.3m　エンジン：水冷12気筒ディーゼル430hp
武装：85mmライフル砲、12.7mm機銃、7.62mm機銃　最大速度：60km/h　乗員：4名

59式戦車を小型化、エンジンも強化して山岳での運用も可能。

冷戦下、ソ連から提供されたT-54戦車をもとに設計され、1963年から生産を開始。59式戦車を小型化したデザインで重量も15t軽減されている。ディーゼルエンジンにより、悪路が多い高地や山岳地帯の運用を可能にした。800輌が人民解放軍に配備され、他に外国に輸出された車輌が多い。度々、改装してレーザー測距儀、自動消火装置、新型装甲などの装備を追加している。105mm砲を搭載した型もある。59式戦車とともに、半世紀もの間、人民解放軍戦車隊の中核をなした。1979年の中越戦争に投入されたが、戦闘で装甲が薄い欠点を突かれ、少なからぬ損害を出してしまった。

中国海軍陸戦隊の上陸支援戦車
63式水陸両用軽戦車

中国

DATA
採用：1963年　重量：18.7t　全長：8.43m　全幅：3.2m
全高：2.52m　エンジン：水冷12気筒ディーゼル400hp
武装：85mmライフル砲、12.7mm機銃、7.62mm機銃　最大速度：64km/h(陸上)　乗員：4名

軽戦車ながら大型になったのは、浮力向上のため。

ソ連のPT-76水陸両用戦車を母体に、改良や実用試験を繰り返し、実用化した。車体を大型化させることで浮力を向上し、搭載砲を76mm砲から85mm砲に換装した。時速12kmで水上走行も可能。主に海軍陸戦隊に配備されている。

ベトナム戦争では、PT-76とともに北ベトナム軍へ供給され、中越戦争にも実戦参加した。装甲が脆弱だが、湿地帯や河川が多いインドシナの地形は、水陸両用車に適しており、偵察や歩兵支援の任務で活躍した。同じ環境のアフリカ諸国に輸出されている。

105mm砲に換装した強化型や兵員輸送型などの派生型がある。1985年に生産を停止したが、現在も運用されている。

330

第9章 中国・韓国・北朝鮮の戦車

旧式ながらも外貨獲得で貢献
69／79式戦車

中国

DATA
採用：1970年代中期　重量：36.7t　全長：9.22m　全幅：3.27m　全高：2.81m　エンジン：水冷12気筒ディーゼル580hp　武装：100mmライフル砲、12.7mm機銃、7.62mm機銃×2　最大速度：50km/h　乗員：4名　※データは69-Ⅱ式戦車

1969年開発の古参戦車「69式」。

　中国は旧式化した59式戦車を改良して、100mm滑腔砲を搭載した69式戦車を開発した。しかし砲が、期待した威力を発揮しなかったため、もとの100mmライフル砲に戻した。続いてレーザー測距儀、弾道計算機など射撃搭載システムを装備のⅡ型を開発した。

　開発は1969年からであるため69式と呼称されたが、初公開は1982年9月の軍事パレードである。生産台数は2000輌にのぼるが、主に海外へ輸出され、人民解放軍配備は200輌に留まった。

　中国は次に、イギリス製105mm旋条砲を搭載し、自動消火装置、煙幕発射機などを追加したⅢ型を開発した。本機は79式戦車とも称され、500輌生産された。

80式戦車

世界水準に大きく迫った新世代戦車

中国は1960年代から70年代にかけて、ソ連との対立や文化大革命により、技術が停滞し、戦車開発も立ち遅れた。しかし開放路線に転じた1980年代から、欧米の技術を取り入れた新戦車の開発に乗り出した。すでに改良された69式戦車、79式戦車を実用化させているが、新たに80式戦車を開発した。

59式戦車の延長上にあるが、全面的に西側諸国の技術を組み込んだ。重量38t、12気筒ディーゼルエンジンを採用し、出力は720馬力と向上した。最高時速は57kmまで可能である。大型天輪5個から小型天輪6個に変更されたことも、本車の

中国

DATA

採用：1988年　重量：38t　全長：9.33m　全幅：3.37m　全高：2.29m　エンジン：水冷12気筒スーパーチャージド・ディーゼル730hp　武装：105mmライフル砲、12.7mm機銃、7.62mm機銃　最大速度：57km/h　乗員：4名

第9章 中国・韓国・北朝鮮の戦車

主砲やエンジンなど西欧諸国の技術を参考にした。

特徴である。

砲塔部分は59式戦車と同じ鋳造砲塔だが、イギリス製の105mmライフル砲を採用した。また砲塔のまわりにラックが設けられている。戦車砲の砲弾は、APFSDS（装弾筒付き翼安定徹甲弾）、HEAT-T（曳光対戦車榴弾）など何種類も開発された。80式戦車は44発の砲弾を搭載することができた。

射撃統制システムに環境センサーやオーバーライド機能付操砲システムなどが追加され、戦車砲の威力は大幅に向上した。

さらに核・毒ガス・生物兵器に対処するNBC装備も、採用されている。

1988年に制式採用されたが、人民解放軍向けに生産された台数は400輌にすぎず、海外に輸出された台数も少数に留まっている。実戦参加の記録は確認されていない。もっとも性能面では、アメリカやソ連の戦車に及ばないが、69式戦車に比べて向上した。以後、80式戦車から新しい戦車の系譜が作られていく。

新しい武装と防御を取り入れた輸出用戦車
85式戦車

中国

DATA
開発:1989年　重量:41.5t　全長:10.28m　全幅:3.45m
全高:2.3m　エンジン:水冷12気筒スーパーチャージド・ディーゼル730hp　武装:125mm滑腔砲、12.7mm機銃、7.62mm機銃　最大速度:57km/h　乗員:4名

パキスタンと中国が共同で開発した85式戦車。

85式戦車は、80式戦車をもとにしたパキスタンとの共同開発戦車である。

初期の型は105mm砲を搭載したが、後にロシア製の125mm滑腔砲を採用した改良型に交替した。同砲は射程2000mで500mm鋼板を撃ち抜く威力がある。また自動装填装置を装備したことから装填手が不要となり、乗員数は3人で足りることになる。

後期のⅢ型は、車体前面から側面に複合装甲を施した。一部は交換が可能である。複合装甲で重量が増大したが、新型の1000馬力ディーゼルエンジンの搭載で、性能低下を防いだ。

85式戦車はパキスタンに輸出され、現在も配備されている。

334

第9章 中国・韓国・北朝鮮の戦車

湾岸戦争で生産を切られた新戦車
88式戦車

中国

DATA

採用:1989年 重量:38.5t 全長:9.33m 全幅:3.37m
全高:2.29m エンジン:水冷12気筒スーパーチャージド・ディーゼル730hp 武装:105mmライフル砲、12.7mm機銃、7.62mm機銃 最大速度:57km/h 乗員:4名

88式戦車の生産数は500輌にとどまった。

88式戦車は、79式戦車の中国軍主力戦車として、試作と開発を繰り返し、1988年から生産に踏み切った。

本車は、80式戦車と同様、西側諸国の技術を導入した。加えて車内無線機の更新や砲弾の増量など部分的な改善を試みている。

しかし性能は、105mm砲のままなど、当時の第三世代戦車に比べると、第二世代戦車の域から脱しなかった。また1991年の湾岸戦争で、イラク軍に多数配備された中国製の戦車が一方的に撃破される事態が発生した。

中国は、早急に新型戦車の開発を余儀なくされた。そのため88式戦車の生産は500輌で打ち切られることになった。

90-Ⅱ式戦車

世界水準に初めて追いついた中国の戦車

中国

DATA

生産:2001年 重量:48t 全長:10.06m 全幅:3.5m 全高:2.37m エンジン:パーキンス水冷12気筒ディーゼル1200hp 武装:125mm滑腔砲、12.7mm機銃、7.62mm機銃 最大速度:62km/h 乗員:3名

パキスタンでは「アル・ハーリド戦車」として採用されている。

中国とパキスタンは85式戦車を共同開発したのち、より高性能な新型戦車90-Ⅱ式戦車の開発に乗り出した。

90式戦車Ⅱ型は、イギリス製ターボチャージャー付8気筒エンジンで、トランスミッションはフランス製を採用した。また防御面では、砲塔と車体の前面にかけて、爆発の効果を減少させるため、ERAと称される爆発反応装甲を取り入れている。

中国技術陣は、外国の技術を盛んに取り入れたものの、88式戦車開発から間を置かず、新型戦車を完成させたことは注目される。90-Ⅱ式戦車は、性能が大きく向上し、新たな主力戦車への橋渡しを果たした。

第9章 中国・韓国・北朝鮮の戦車

世界水準に追いついた重装甲戦車
96式戦車

中国

DATA
採用:1996年　重量:41.5t　全長:10.28m　全幅:3.37m
全高:2.3m　エンジン:水冷12気筒スーパーチャージド・ディーゼル730hp　武装:125mm滑腔砲、12.7mm機銃、7.62mm機銃　最大速度:57km/h　乗員:3名

ロシアの技術供与を受けたため、T72に外見が似ている。

90-Ⅱ式戦車は、数年をかけて改良と試験が続いた。その結果、新たな国産ディーゼルエンジンを採用するなど、一部の仕様を変更して、主力戦車に指定された。

本車は1996年に96式戦車として採用され、翌年から配備に入った。重量は砲弾や燃料を積載すると、50tに達した。

96式戦車はロシアから技術供与を受けており、外見は同国のT72戦車に似ている。複合装甲を施しているが、G型では爆発反応装甲など複数の改良がなされている。

96式戦車は、88式戦車の延長上にあるものの、技術的には第3世代に近づいた。生産数は2005年には1500輌との記録があり、現在も生産は続いている。

98式戦車

開発途上で実用化した新戦車

中国は、96式戦車を採用したおおよそ3年後の1999年、建国50周年の軍事パレードで次の新戦車を披露して世界を驚かせた。その98式戦車も、ソ連のT-72戦車をもとに欧米の技術を導入して開発した。ちなみに中国は、この少し前、ドイツのレオパルト2戦車を人民解放軍でライセンス生産する案も検討している。

本車の特徴は、四角の砲塔は平面状になっている。西側諸国のM1やレオパルト2と同じ作りである。また車体前部に一際厚い装甲が取りつけられ、Vの字を形成した点も見とめられる。125mm滑腔砲は各種砲弾に加え、レーザー誘

中国

DATA

採用：1998年 重量：52t 全長：11m 全幅：7.3m 全高：3.37m
エンジン：水冷12気筒ディーゼル 1200hp 武装：125mm滑腔砲、12.7mm機銃、7.62mm機銃 最大速度：70km/h 乗員：3名

第9章 中国・韓国・北朝鮮の戦車

中国建国50周年記念軍事パレードで初披露された様子。

導式対戦車ミサイルが発射可能である。エンジンは1200馬力の水冷式ディーゼルエンジンWR703を採用し、最高時速は70kmに達した。

また98式戦車は、画期的な防御システムを搭載している。これは砲塔上部に装備され、接近する敵の攻撃を警告すると同時に、レーザーを照射して敵の照準を撹乱したり、迫るミサイル兵器や敵兵士にダメージを与える。また別の防御で、砲塔前面にセラミックの複合装甲を施した。これは、640mmの装甲を貫通した徹甲弾の直撃に耐えられる強靭さを持つ。

しかし98式戦車の生産は2000年から始まったが、200輌で打ち切られた。理由は、国産の変速装置、射撃統制装置や装甲について問題点が発見され、その解決が次の戦車開発へ持ちこされたためとも、実は98式戦車自体が開発の途中であったとも言われている。人民解放軍は、試作の段階から現場に配備して、テストと改良を継続することが珍しくなかった。

99式戦車

高性能が仇となった新鋭戦車

中国は、1990年代から第三世代戦車開発を進めた。99式戦車はその最新作にあたる。エンジンはWR703水冷ターボチャージドディーゼルを搭載し、出力は1500馬力。最高時速は96式戦車が60kmだが、99式戦車は80km。行動距離は、96式戦車が400kmに対し、本車は600kmと拡大した。

戦車砲は、ラインメタル社の自動装填装置付き125mm滑腔砲を搭載した。防御面も一段と強化され、砲塔前部に尖ったくさび状の増加装甲を、前面や側面に箱型の爆発反応装甲を敷き詰めている。99式戦車に施された装甲は、最大で700mm

中国

DATA

採用：2000年　重量：54t　全長：11m　全幅：3.37m　全高：2.4m　エンジン：水冷12気筒ターボチャージド・ディーゼル1500hp　武装：125mm滑腔砲、12.7mm機銃、7.62mm機銃　最大速度：80km/h　乗員：3名　※データは99G式戦車

第9章 中国・韓国・北朝鮮の戦車

ゴージャスな車体のため生産は困難に……。

の鋼鉄板に匹敵し、いざとなったら取り外すことが可能である。98式戦車の防御システムも引き続き装備した上に、衛星航法装置などの電子装備を追加した。99式戦車の中には、戦車間の情報を共有するデータリンクシステムを搭載した改良型も作られている。

99式戦車は、攻守共に世界トップクラスと言っても過言ではないが、大きな問題を抱えている。まず重量が54tに達し、中国の交通事情においては、移動と運用に困難をきたす。また本車はハイテク技術を集約したことも含め、コストが非常に高くなり、1ヶ月に10輛程度しか生産できない。

現在、99式戦車の生産台数は200輛を超えたばかり、配備先は北京軍区や東北地方の瀋陽軍区に限定されている。

中国の戦車は、保有台数は8200輛に及び、質も世界水準に到達しつつある。しかしハイテク技術の実情において、外国からの導入に依存している点は否めない。

中国　水上を進撃する上陸作戦の尖兵
05式水陸両用軽戦車

中国

DATA
生産:2006年　重量:26t　全長:—　全幅:—　全高:—
エンジン:水冷12気筒ターボチャージド・ディーゼル1500hp
武装:105mmライフル砲、12.7mm機銃・7.62mm機銃　最大速度:60km/h(陸上)．乗員:4名

2009年9月、北京での建国60周年記念パレードの様子。

　2009年、上陸戦における兵員輸送が目的の05式水陸両用歩兵戦闘車を完成した。同車をもとにして、05式水陸両用戦車が開発された。前面は三角状に突出し、砲塔部分が大きく後退しているフォルムが特徴だ。

　詳細は公表されていないが、99式戦車と同じターボチャージド・ディーゼルエンジンを採用している。水を噴出して進むウォータージェット推進により、時速20〜30kmで海上走行できる。武装は105mm戦車砲に加え、ミサイルも追加装備している。

　本車は、05式水陸両用歩兵戦闘車とともに、上陸作戦を実施する海軍陸戦隊や陸軍の水陸両用戦部隊へ配備されている。

第9章 中国・韓国・北朝鮮の戦車

韓国初の国産戦車ハイテク満載
K1戦車

韓国

DATA
採用:1987年 重量:51.1t 全長:9.67m 全幅:3.59m 全高:2.25m エンジン:MTU水冷8気筒ターボチャージド・ディーゼル1200hp 武装:105mmライフル砲、12.7mm機銃、7.62mm機銃 最大速度:65km/h 乗員:4名

仰角を大きく取った射撃性能だが機動性に改良の余地が残ったK1。

韓国は1980年代に入り、国産戦車の開発に着手した。アメリカのクライスラー・ディフェンス社が協力して、1985年にK1戦車を完成させた。一時期88戦車と呼称されている。

車内には、射撃中に次の目標を捕捉可能なパノラマサイト、熱線暗視装置を組み込んだ昼/夜兼用サイト、デジタル式弾道計算機などを積載した。またサスペンションに油気圧式とトーションバー式を両用したことで、仰角を大きく取ることができた。

改良型のK1A1は120mm滑腔砲を換装したが、重量が増大した分、機動性の低下を招いた。生産台数はK1A1も含め、合計1300輌。

K2戦車

北に睨みを利かす鉄の黒豹

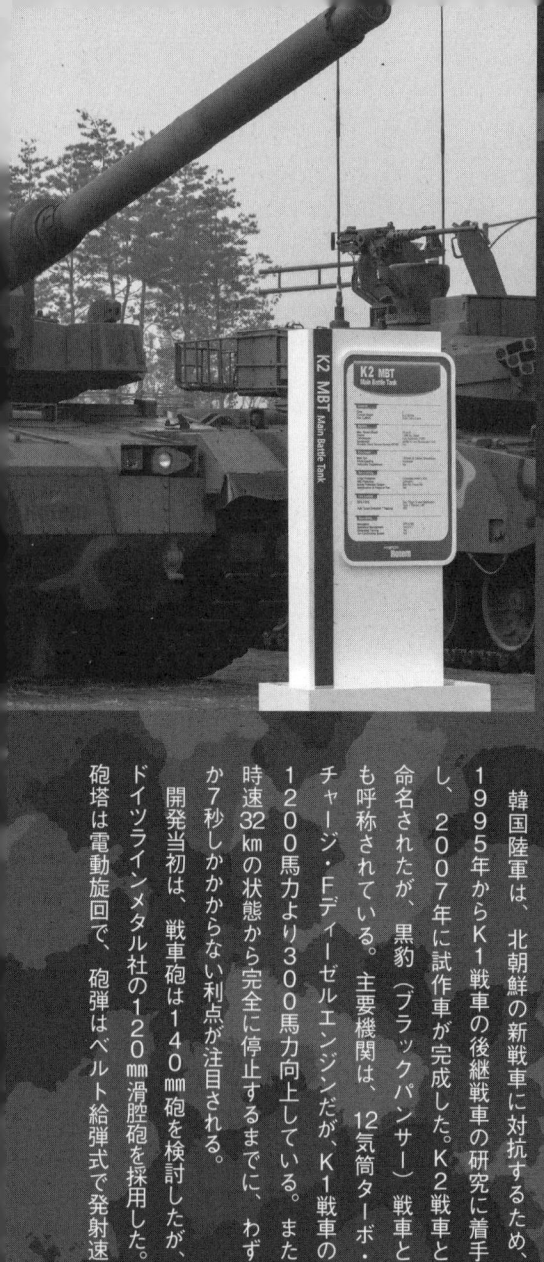

韓国陸軍は、北朝鮮の新戦車に対抗するため、1995年からK1戦車の後継戦車の研究に着手し、2007年に試作車が完成した。K2戦車と命名されたが、黒豹(ブラックパンサー)戦車とも呼称されている。主要機関は、12気筒ターボ・チャージ・Fディーゼルエンジンだが、K1戦車の1200馬力より300馬力向上している。また時速32kmの状態から完全に停止するまでに、わずか7秒しかかからない利点が注目される。

開発当初は、戦車砲は140mm砲を検討したが、ドイツラインメタル社の120mm滑腔砲を採用した。砲塔は電動旋回で、砲弾はベルト給弾式で発射速

韓国

DATA

公開:2007年 重量:55t 全長:10m 全幅:3.6m 全高:2.5m エンジン:MTU水冷12気筒ターボチャージド・ディーゼル1500hp 武装:120mm滑腔砲、12.7mm機銃、7.62mm機銃 最大速度:70km/h 乗員:3名

第9章　中国・韓国・北朝鮮の戦車

初の韓国産戦車K1の改良型K2は、防御力に力を入れた。

　K2戦車は防御力にも重点を置いた。NBC防護装置やレーザーセンサーに加え、ミリ波レーダーで接近する攻撃を捉えると迎撃する自動防御システムや、夜間でも画像を表示できる赤外線映像装置、車輌間情報伝達システムや敵味方識別システムなどハイテク技術を多く取り入れた。

　またシュノーケルを利用して、水深4mの水面下を走行することも可能である。

　韓国陸軍は、K2戦車に期待を寄せ、600輌調達を予定していた。だがK2戦車は、エンジンやトランスミッションに問題が発生したこと、価格が高すぎるといった問題から、配備計画は見直され、遅延した。ようやく2014年から配備が始まり、250輌が引き渡される予定になっている。

　韓国の戦車保有台数は2400輌にのぼる。北朝鮮との国境近くにある首都ソウル近郊に集中配備して、万が一の事態に備えている。

度は毎分15発。加えてレーダー内蔵の自動追尾ミサイルを砲口から発射可能である。

正式名すら不明の水陸両用戦車

M1985軽戦車

北朝鮮

DATA
公開：1985年　重量：20t　全長：9.4m　全幅：3.1m
全高：2.8m　エンジン：ディーゼル 320hp　武装：
85mm砲、12.7mm機銃、7.62mm機銃　最大速度：
60km/h(陸上)　乗員：4名

1985年に初めて確認された戦車。
写真協力／ガリレオ出版

北朝鮮は、自国産のVIT323装軌式装甲兵員輸送車（中国製の63式装軌装甲兵員車）に、ソ連の水陸両用戦車PT-76の砲塔を取りつけ、M1985軽戦車を完成させた。

その性能は、海外に輸出されていない事情もあり、不明な部分が多い。なおM1985とは、1985年に存在が確認されたため、西側諸国が名づけたものである。82式水陸両用車とも呼称されるが、北朝鮮における正式名称についても不明である。武装は85mm砲、12.7mm機銃、7.62mm機銃各1門に加えて、砲塔防盾上にAT-3サガー対戦車ミサイルを装備し、軽戦車ながら侮れない戦力を持つ。配備数はPT-76と合わせ、540輌とも言われる。

第9章 中国・韓国・北朝鮮の戦車

北朝鮮戦車師団の中核
天馬号

北朝鮮

DATA
生産:1980年代 重量:40t 全長:6.63m 全幅:3.52m 全高:2.4m エンジン:ディーゼル750hp 武装:115mm滑腔砲、14.5mm機銃、7.62mm機銃 最大速度:50km/h 乗員:4名

軍事パレードでその存在が確認されている天馬号。

北朝鮮の戦車保有台数は3500輌。うち1970年代から自国内で、ソ連T-62戦車のライセンス生産に踏み切った。開発した車輌は天馬号と命名され、1980年代に配備を開始した。

戦車砲は、T-62戦車の115mmのままだが、レーザー測距儀や煙幕弾、装着式装甲など装備を追加した型が3〜5種類確認されている。うち後期の型は、90年代初頭に登場した。夜間射撃が可能で、渡河能力や対空戦闘力も向上した。

また北朝鮮製のエンジンは出力が弱いため、装甲を軽減したらしい。

天馬号は、軍事パレードなどで行進する姿が確認されるが、オリジナルのT-62は退役しており、時代遅れの感が大きい。

347

暴風号

北朝鮮　詳細不明の次期主力戦車

北朝鮮

DATA

生産：2002年　重量：39.51t　全長：10.28m　全幅：3.45m　全高：2.23m　エンジン：水冷12気筒ディーゼル　武装：125mm滑腔砲、14.5mm機銃、7.62mm機銃　最大速度：57km/h　乗員：3〜4名

125mm滑腔砲搭載のほか、いまだ謎の多い暴風号。

北朝鮮は、韓国のK1戦車に対抗して、天馬号の後継戦車「暴風号」を開発した。ロシアのT-72戦車を購入して開発した。近年の軍事パレードでその存在が明らかになったが、T-72の入手経路など不明な点が多い。

武装は、125mm滑腔砲を搭載しているが、砲弾の装填は自動装填装備ではなく、いまだ手動式との証言がある。砲塔上部に対空ミサイルも装備した車体も確認されている。

暴風号は、配備が始まったばかりとも250輌以上生産されたとも言われるが、第二世代戦車に属する。北朝鮮の戦車は、燃料や部品が不足しがちで、旧式で整備不良が多いと指摘する声が多い。

第10章
諸外国の戦車

台湾やスイス、イスラエル、インド……世界各国で使用されている主力戦車を解説する。

「勇敢な虎」の名を持つ台湾国産の主力戦車
CM-11 勇虎戦車（M48H）

台湾

DATA
採用：1988年　重量：54t　全長：9.31m　全幅：3.63m
全高：3.33m　エンジン：ゼネラル・ダイナミクス空冷12気筒ディーゼル750hp　武装：105mm砲、12.7mm機銃、7.62mm機銃×2　最大速度：48.3km/h　乗員：4名

欧米型の戦車をベースにしているが、自慢の射撃統制装置は台湾製。
©玄史生

台湾陸軍ではCM-11勇虎（ヨンフー）戦車と呼ばれているM48H。M60A3の車体にM48A5の砲塔（105mmライフル砲）を搭載した台湾独自のMBTである。1984年から開発が開始、1995年までに450輌が生産された、第二・五世代主力戦車だ。車長用キューポラがアメリカ製のM1キューポラからイスラエル製のウルダン社製にM1A1と同型のものへ換装されており、砲塔後部に横風センサーが装備されている。射撃統制装置は台湾製。行進間射撃能力・全天候戦闘能力があり、主砲の初弾命中率は2000m以内の目標であれば82%。近年はフランスのNexteが開発した爆発反応装甲を装着したものもある。

350

第10章 諸外国の戦車

Pz.68戦車

永世中立国スイスが独自開発した国産中型戦車

スイス

DATA
採用:1968年 重量:39.7t 全長:9.49m 全幅:3.14m 全高:2.88m エンジン:MTU水冷8気筒スーパーチャージド・ディーゼル660hp 武装:105mmライフル砲、7.5mm機銃×2 最大速度:55km/h 乗員:4名

写真は自走対空砲の砲塔を搭載した派生型。

厳しい中立政策を取る永世中立国のスイスが1960年代に独自開発したPz.68。1961年に発注されて製作されたPz.61が発展したもので、基本的には同一である。

しかし、装備品などが改善されているのが特徴だ。

まずは、主砲にスタビライザーが装備され、射撃精度が向上し、行進間射撃が可能になった。その他、レーザー測遠機とアナログ弾道計算機が搭載されている。主砲にはヴィッカースL7A105mm砲が採用されている。

また、副武装として主砲と同軸上に貫通性能に優れた20mm砲が搭載され、砲塔上部には7.56機関銃が射手側のハッチ部に取りつけられている。

M50/51戦車 スーパーシャーマン

スクラップを再生して作り上げたリサイクル戦車

イスラエル

DATA
採用：1962年 重量：39t 全長：— 全幅：— 全高：— エンジン：カミンズ水冷8気筒ディーゼル460hp 武装：105mmライフル砲、12.7mm機銃、7.62mm機銃 最大速度：40km/h 乗員：4~5名 ※データはM51

1948～49年に行われたイスラエル建国を巡る第一次中東戦争（イスラエル独立戦争）にて構築されたのがM50戦車だ。戦時、アメリカ製のM4シャーマン中戦車などのスクラップを大量に買い取ったが、砲に穴が空いているなど、兵器としては利用不可能な状態だった。その穴を金属で塞いだり、クルップ社製の75mm砲に換装するなどして、使用可能な状態にして、初期の機甲部隊の中核戦力とした。これが、M50戦車である。

しかし、1960年代ともなると、アラブ諸国には（M50戦車に搭載されている主砲より強力な戦車砲を持つ）ソ連製の新型MBTが大量に供給

354

第10章　諸外国の戦車

アメリカ製M4シャーマン中戦車のスクラップから生まれたM50。
©Matanya

されるようになった。100mm戦車砲を装備するT-54／T-55中戦車や、122mm戦車砲と最大220mmの装甲を備えるIS-3重戦車などである。それに対抗するために更に強力な105mm砲の導入が検討された。そして、白羽の矢が立ったのが、フランスがAMX-30用に開発したCN-105-F1砲である。これを砲身長56口径から44口径に短縮し、先端に板金溶接製の巨大なマズルブレーキを搭載して後退量を抑えて、M4中戦車の76mm砲塔へ搭載させた。このようにM4戦車をパワーアップさせたのがM51戦車である。

M50・M51戦車は、「スーパー・シャーマン」の愛称で呼ばれ、その後も、第二次～第四次に及ぶ中東戦争において活躍した。さらに戦車としては使用不可能になった後は、戦車回収車や自走砲、特殊戦車のベースとして再利用された。それ以外に、チリやレバノンのキリスト教民兵組織などに与え、現地で再活躍した車輌もある。世界を股にかけ、何十年間も再使用され続けた戦車なのだ。

ショット戦車 ベングリオン

イスラエル初代首相の名を冠する進化型戦車

イスラエル

DATA
採用：ー　重量：53.8t　全長：9.85m　全幅：3.39m　全高：3.01m　エンジン：コンチネンタル空冷12気筒ディーゼル 750hp　武装：105mmライフル砲、7.62mm機銃　最大速度：45km/h　乗員：4名

欧州の中古戦車を改造、砂漠仕様に生まれ変わったショット戦車。
©Citypeek

ショット戦車はイスラエル国防軍（IDF）のセンチュリオン・シリーズ最強の戦車である。イギリスをはじめとする欧州各国から中古センチュリオンを導入して、砂漠地帯での戦闘用に手を加えたものである。主砲のL7 105mm戦車砲への換装、イギリス製のガソリンエンジンをアメリカ製のディーゼルエンジンに換装、新型の射撃統制装置や砲安定装置を搭載するなど、様々なカスタマイズを続け進化し続けた戦車である。

イスラエルの初代首相ダヴィド・ベン=グリオンに因んで、「ベングリオン」と呼ばれる事があるが、これは西側メディアがつけた通称であり、IDF内部では「ショット」が正しい呼称である。

第10章 諸外国の戦車

乗員兵士の生存を第一義に開発された特殊戦車
メルカバ

イスラエル

DATA

採用:1976年 重量:61t 全長:8.78m 全幅:3.7m 全高:2.76m エンジン:テレダイン・コンチネンタル空冷12気筒ターボチャージド・ディーゼル1200hp 武装:120mm滑腔砲、60mm迫撃砲、12.7mm機銃、7.62mm機銃×3 最大速度:55km/h 乗員:4名 ※データはメルカバMk.III

装甲以外にもあらゆる防御性能を向上させたメルカバ。
©Adamicz

　メルカバは、イスラエルが開発した主力戦車だが、時代に逆行するユニークな特徴を持つ。長引く中東戦争で、兵士の過度の死傷は国益に響きかねないと痛感したイスラエルは、乗員の保護を最重要課題とした戦車の開発を進めた。

　被弾の盾となるフロントエンジン、それにともなう前輪起動。投影面積を極端に減らした砲塔。負傷兵の救護を目的とした、乗員以外にも数名の兵員を収容できる広いスペースや、大量の常備飲料水の設置などである。戦闘能力を最上位に置かない戦車の登場は戦車史上の事件ともいえる。イスラエルでは、その後も戦車技術の革新を続けられているが原点にあるのは常にこのメルカバの思想だ。

マガフ

中古M48/M60パットンを独自改良した主力戦車

イスラエル

DATA
採用：― 重量：54t 全長：6.95m 全幅：3.63m 全高：3.27m エンジン：テレダイン・コンチネンタル空冷12気筒ターボチャージド・ディーゼル 武装：105mmライフル砲、60mm迫撃砲、12.7mm機銃、7.62mm機銃×3 最大速度：48km/h 乗員：4名 ※データはマガフ7A

中古のM48パットンを何度も改修し、今でも現役。

マガフはイスラエル国防軍の主力戦車で、西ドイツから譲り受けた中古のM48パットンを独自に改修したものである。その後、アメリカから購入したり、ヨルダンから鹵獲したりしたM48や、M60をもとにしたものも作られるようになった。1980年代以降は主力戦車の座をメルカバに譲ったが、ブレイザー爆発反応装甲、複合装甲、メルカバ型のキャタピラなどの装備改良が続けられながら多くの部隊でいまだ使用されている。

第四次中東戦争後の改良までは砲塔駆動装置の作動油に引火して炎上する欠点があり、兵士の間では、マガフの綴りは「（ヘブライ語で）焼死体運搬車」の略というジョークもあったという。

第10章 諸外国の戦車

情報が少ない謎多きイラン陸軍の戦車
ゾルファガール戦車

イラン

DATA
生産：1997年　重量：40t　全長：—　全幅：—　全高：—　エンジン：水冷12気筒ターボチャージド・ディーゼル1000hp　武装：125mm滑腔砲　最大速度：70km/h　乗員：3名

特に武装面で不明な点が多いゾルファガール。
©Aspahbod

1996年に試作車が完成。翌年から生産が開始されたイランの国産主力戦車である。戦闘重量40tで1000馬力のディーゼルエンジンを搭載し、路上最大速度は70km/h。主砲125mm滑腔砲で、国産の射撃統制装置にはレーザー測遠機が含まれており、砲安定装置も装備。また、足回りの形状はアメリカ製のM60戦車によく似ている、などというふれこみの最新型戦車であった。だが、情報がほぼ公開されておらず、詳細な性能があまりわかっていない謎多き戦車である。名称のゾルファガールは、イスラム教シーア派の初代イマームであるアリー・イブン・アビー＝ターリブが使用した剣「ズルフィカール」に因んでいる。

ランツベルクL-60を元にした
ハンガリー初の国産戦車
トルディ軽戦車

ハンガリー

DATA
採用:1938年 重量:8.7t 全長:4.75m 全幅:2.14m
全高:2.05m エンジン:ガンズ水冷8気筒ガソリン155hp
武装:20mm砲、8mm機銃 最大速度:50km/h 乗員:3名 ※データは38MトルディⅡ

武装が充実していたがソ連侵攻を食い止めることはできなかった。
©Saiga20K

スウェーデンのランツベルクL-60をもとにしたライセンス生産されたハンガリー初の国産戦車である。名前は14世紀の民族的英雄であるトルディハに因んでいる。1940年から1941年までにトルディⅠが80輌、トルディⅡが110輌が生産された。スイスのゾロータン社製の20mmライフル砲と8mm機銃が装備されているが、非力な20mm砲と最大13mmの軽装甲では強力なソ連戦車には対向できず、1941年にソ連に侵攻したトルディの約8割が大破もしくは行動不能となった。回収されたトルディの一部は40mm砲に換装されてトルディⅡaと改称されたが、やはり性能不足は否めなかった。

第10章 諸外国の戦車

ハンガリー装甲部隊の主力戦車となった実用派
トゥラーン中戦車

ハンガリー

DATA
採用:1940年 重量:18.2t 全長:5.55m 全幅:2.44m 全高:2.39m エンジン:マンフレート・ヴァイス水冷8気筒ガソリン260hp 武装:40mm砲、8mm機銃×2 最大速度:47km/h 乗員:5名 ※データは40Mトゥラーン I

トルディに代わる高性能を目指し、主砲と足回りに力を入れた。
©Saiga20K

性能不足が否めなかったトルディに代わって誕生し、ハンガリー装甲部隊の主力戦車となったのがこのトゥラーン中戦車だ。チェコスロバキアのスコダ社が開発したT-21のライセンス生産型で、主砲は51口径40mm戦車砲A-17、ボギー敷きリーフスプリングのサスペンションと空気圧式変速機を備えている。部隊に配備されたが、T-34中戦車などのソ連軍戦車に太刀打ちできなかったため、1942年頃に、25口径75mm戦車砲41Mを搭載した改良型の41Mトゥラーン重戦車が製造されるようになった。トゥラーンは、中央アジアの伝説上の民族の名前で、ハンガリー人を初め、多くのアジア系民族の祖だと言われている。

高性能と低コストを実現したタイ王国陸軍軽戦車
スティングレイ軽戦車

タイ

DATA
採用：1987年　重量：21.2t　全長：9.3m　全幅：2.71m
全高：2.55m　エンジン：デトロイト・ディーゼル水冷8気筒ターボチャージド・ディーゼル　武装：105mm低反動ライフル砲、12.7mm機銃、7.62mm機銃　最大速度：67km/h　乗員：4名

1987年にマレーシアで試験が実施された。

アメリカのキャデラック・ゲージ・テクストロン社がプライベート・ベンチャーで開発した戦闘重量20t台前半の軽戦車である。アメリカ陸軍の装甲砲システム計画の候補車として開発された。当初のコンセプトは、北大西洋条約機構標準の105mm戦車砲弾を発射できる高火力と高い機動性と生存性、空輸能力を兼ね備え、できるだけ既存の部品を活用してコストを削減すること、そして中小国への輸出も加えられていた。試作車は1984年に完成し、試験が開始され、改良が加えられていった。だが、FMC社のCCV-Lに敗れてアメリカ陸軍には採用されず、1987年にタイ王国陸軍に採用が決まり、106輌が導入された。

第10章 諸外国の戦車

オーストリア

世界各国に輸出されたオーストリア産軽戦車
SK105軽戦車キュラシェーア

DATA

生産：1971年 重量：17.5t 全長：7.76m 全幅：2.5m
全高：2.53m エンジン：シュタイアー水冷6気筒ターボチャージド・ディーゼル320hp 武装：105mm低反動ライフル砲、7.62mm機銃 最大速度：65.3km/h 乗員：3名

フランス製AMX-13軽戦車をベースに、砲塔を揺動式に工夫がなされた。
©Tsui

オーストリアのザウレル・ヴェルケ社（現シュタイアー・ダイムラー・ブーフ社）が開発した軽戦車である。フランス製のAMX-13軽戦車をもとに設計されており、4K4FA装甲兵員輸送車の車体に、主砲と一体で俯仰する揺動式砲塔が搭載。ここにGIAT社が開発した105mm砲を搭載している。すでに1987年に生産を終了している。オーストリア陸軍では250輌が配備されたが、輸出にも力を注いだため、アルゼンチンやボリビア、ブラジル海兵隊などの南米諸国でも採用されており、総生産数は約600輌となっている。ちなみに永世中立国であるオーストリアが、武器輸出で外貨を得ている矛盾を指摘する声もある。

T-84-120

世界仕様の120mm滑腔砲を搭載した実用的戦車

2001年にウクライナが発表したT-84-120。ハリコフ試作機械設計局がフランスのGIAT社と開発したNATO標準の120mm滑腔砲を、ウクライナの第三世代主力戦車であるT-84に搭載した主力戦車である。ちなみにT-84の特徴は、ウクライナ製の溶接砲塔、爆発反応装甲、赤外線測距儀、デジタル化された火器管制装置、自動装填装置、1200馬力のエンジン、衛星ナビゲーションシステム、TShU-1-7シュトーラ1電子制御指揮対対戦車ミサイル撹乱装置などが搭載されていること。また、最大速度は70km/hであり、世界有数の高速戦車である。

ウクライナ

DATA

開発:2001年 重量:48t 全長:10m 全幅:3.78m 全高:2.22m
エンジン:水冷6気筒ターボチャージド・ディーゼル1200hp 武装:120mm滑腔砲、12.7mm機銃、7.62mm機銃 最大速度:70km/h
乗員:3名

第10章 諸外国の戦車

NATO標準の120mm滑腔砲搭載で機動性も優れもの。

このT-84を発展させたT-84-120。トルコ軍向けに開発されたため、「ヤタハーン」とも呼ばれている(ヤタハーンとは、オスマントルコで用いられたサーベルの一種である「ヤタガン」のウクライナ語の発音読み)。だが、諸装備がトルコ軍仕様であったとしても、120mm砲を搭載しないものは「オプロード」と呼んで区別されている。さて、最も大きな特徴である120mm滑腔砲は、ドイツのラインメタル社製の120mm滑腔砲など西側の120mm滑腔砲と砲弾を共用可能。また、アメリカ製のAPFSDSであるM829の劣化ウラン弾なども運用できる。また、ソ連時代に開発されたものをベースにした、レーザー誘導式の腔内発射ミサイルも使用できるなど汎用性の高いワールドワイドな仕様を持つ。

ウクライナは今後、このT-84-120の開発で培ったノウハウを活かして、発展途上国の軍などに向けた、安価で高性能といった実用的な主力戦車の開発を進めていくと予想されている。

旧ソ連開発T-72のユーゴスラビア改良版
M-84戦車

ユーゴスラビア

DATA
採用：1983年 重量：42t 全長：9.53m 全幅：3.57m 全高：2.19m エンジン：水冷12気筒ターボチャージド・ディーゼル1000hp 武装：125mm滑腔砲、12.7mm機銃、7.62mm機銃 最大速度：65km/h 乗員：3名 ※データはM-84A

旧ソ連製T-72をベースに、砲塔まわりにセンサー等の工夫を施した。

ユーゴスラビア（現セルビア・モンテネグロ）で1980年代に開発された主力戦車。旧ソ連で開発されたT-72のライセンス生産で、さらに独自に改良したものである。主砲とエンジンはT-72と同一だが、砲塔まわりに変更が多く見られる。砲塔前上面中央には環境センサーのポールが作られ、前面左右には各6個の発煙弾発射筒が並んでいる。1988年から生産されたM-84Aは、M-84をさらに改良させたバージョンで、レーザー・レンジファインダーや第二世代の映像強化装置、各種のセンサーと組み合わせたコンピューター化された射撃統制システムなどが搭載されているのが特徴である。

第10章 諸外国の戦車

ベルデハ戦車

ベルデハ少佐が製作を計画したスペイン国産戦車

スペイン

DATA
生産:1940年 重量:6.5t 全長:4.5m 全幅:2.15m 全高:1.57m エンジン:スペイン・フォード8気筒ガソリン 武装:45mm砲、7.92mm機銃 最大速度:44km/h 乗員:3名

ソ連製T-26を目標にしながら別物になったベルデハ。写真は派生型の自走砲。
©KTo288

　スペインが国内で開発・生産を行った軽戦車シリーズ。この戦車を作るにあたって計画を主導したのが、フェリックス・ベルデハ・バルダレス少佐である。戦車の名前には、彼の名前がつけられた。農業国であり工業化に遅れをとっていたスペインにとって、戦車開発も容易なことではなかった。そこで他国の様々な戦車を徹底的に研究し、性能で群を抜いていたソ連のT-26に目をつけて、T-26を超えることを目標に研究開発を進めた。長いテスト期間を経た末に出来上がった戦車は、全く新設計の戦車であり、性能はT-26よりも優れていると考えられたが、輸出ルートの不在や財政的な理由などで、量産には至らなかった。

TR-85

チャウ・シェスク政権下に生まれたルーマニア軍中戦車

1980年代半ば、東欧社会主義圏の統制は失われつつあった。そのなかで、従来からソ連とは一線を画した独自外交を展開していたルーマニアのチャウシェスク政権は、一層その特色を色濃いものにしていった。そして、ついには西側の国家と個別に軍事的交流を図るようになっていったのである。こういった時代背景のなかで完成した戦車がTR-85である。当時、ルーマニアで主力だったのはソ連製のT-55中戦車と、それをベースとした国産戦車のTR-580だったが、これらは実働命数が短い低耐久性の車輌であった。運用年数を伸ばす必要を感じていたルーマニアは、

ルーマニア

DATA

開発：1980年代　重量：43.3t
全長：9m　全幅：3.3m　全高：2.35m　エンジン：水冷8気筒ディーゼル830hp　武装：100mmライフル砲、12.7mm機銃、7.62mm機銃
最大速度：64km/h　乗員：4名

第10章 諸外国の戦車

外交同様に、国産戦車もまた西側仕様となった。

高いオーバーホールとエンジンなどの性能を持った戦車を西ドイツに発注した。そして出来上がったのが、このTR-85である。車体や砲塔の仕様はTR-580戦車を踏襲しているが、ドイツ製のV型8気筒液冷ディーゼル・エンジンを搭載しているのが特徴だ。車体前面と砲塔の装甲に複合装甲を施しており、HEAT弾に対して生残性を高めている他、中国との技術提携による改良型59式戦車や69式戦車が装備されたレーザー・レンジファインダを主砲基部に追加している。さらにこれらの改良で、戦闘重量が43・3tに達したため、エンジンを当初の600馬力から830馬力に変更して機動性の低下を防いだ。

このTR-85戦車はチャウシェスク政権が崩壊した1989年12月のルーマニア革命時の戦闘に参加した。その際に、テレビを通じて世界にその姿が報じられた。現在では生産も終了。その後、TR-85NとTR-85M1という改良型が提案されているが、その詳細は明らかにされていない。

オーストラリアで開発された66輌の幻の戦車
巡航戦車　センチネル

オーストラリア

DATA
採用:1942年　重量:28.5t　全長:6.33m　全幅:2.77m
全高:2.56m　エンジン:キャデラック水冷8気筒ガソリン×3　330hp　武装:40mm砲、7.7mm機銃×3　最大速度:48.3km/h　乗員:5名

アメリカ製M3を参考に、未知の開発を余儀なくされたオーストラリアの成果。

「番兵」「歩哨」という意味のセンチネルと名づけられたオーストラリアの国産戦車。第二次世界大戦が勃発し、イギリスからの戦車供給が期待できなくなったために開発された。だが、当時のオーストラリアは戦車どころか、自動車すら国産のものがなく、この試みは非常に冒険的なものだった。情報収集をした結果、既存車両をコピー生産するほうが現実的だと考えられ、白羽の矢が立ったのが、アメリカのM3である。M3の主要コンポーネントをコピーして製作されたAC－I。量産にあたり、センチネルと名づけられただけで終わり、わずか66輌が生産されただけで終了し、結局訓練用にしか使用されなかった。

第10章 諸外国の戦車

輸出を目指しブラジルが開発した南米産のMBT
EE-T1 オソリオ

ブラジル

DATA
完成：1984年　重量：43.7t　全長：10.1m　全幅：3.26m　全高：2.68m　エンジン：MWM水冷12気筒ターボチャージド・ディーゼル1040hp　武装：120mm滑腔砲、12.7mm機銃、7.62mm機銃　最大速度：70km/h　乗員：4名

戦車先進国の装備を集め、汎用性を目指したオソリオ。

ブラジルのエンゲサ社が開発した主力戦車。ブラジル陸軍のほか、海外への輸出用に開発された。国産とはいっても、主砲や射撃管装置はイギリス製とフランス製であり、エンジンや足回りなどの機系はドイツ製と、戦車先進国のコンポーネントが多用されている。

さらに主砲はフランスのGIAT社製120mm L52滑腔砲CN-120-G1か、イギリスのロイヤル・オードナンド社製105mm L51ライフル砲L7A3のどちらかを選択できるようになっている。汎用性のある仕様となったが、輸出は失敗。防御力の低さなどで、輸出は失敗。さらに1993年にエンゲサ社が倒産したため、ついに量産型が製造されることはなかった。

オリファント戦車

アパルトヘイト下で生まれた南ア製戦車

南アフリカ

DATA
生産：1983年　重量：58t　全長：8.61m　全幅：3.42m
全高：3.55m　エンジン：テレダイン・コンチネンタル空冷12気筒ターボチャージド・ディーゼル950hp　武装：105mmライフル砲、7.62mm機銃×2　最大速度：58km/h　乗員：4名　※データはオリファントMk.IB

イギリス製のセンチュリオンの主砲を換装、エンジンも改修した。
©High Contrast

　イギリス連邦加盟国である南アフリカ。アフリカ大陸では例外的に工業が発展した国である。1994年までアパルトヘイトが続いていたため、長期間、先進諸国から厳しい禁輸措置が敷かれていた。そのため、南アフリカでは、1970年代から軍用車輌などの分野でも本格的な国内開発・生産に乗り出していた。そのような時代背景のなかで生まれたのが、オリファント戦車である。
　イギリスのセンチュリオン戦車を近代化に改良したもので、主砲を105mmライフル砲L7に換装し、750馬力のディーゼルエンジンを搭載、さらに後にエンジンが1040馬力に強化されるなどの改修が施されている。

第10章 諸外国の戦車

わずか23輛のアルゼンチン国産中戦車
ナヒュール戦車

アルゼンチン

DATA
採用：1943年　重量：35t　全長：6.22m　全幅：2.33m
全高：2.95m　エンジン：FMA-ロレーヌ水冷12気筒
500hp　武装：75mm砲、12.7mm機銃、7.65mm機銃×3
最大速度：40km/h　乗員：4名

設計から製造まで純国産の戦車を目指した。

アルゼンチン初の国産中戦車。コピーだと思われている場合が多いが、設計から製造までアルゼンチンが独自に行ったものである。

ちなみに、ナヒュールは南米に生息するネコ科の大型肉食獣のこと。当時、アメリカの報道で、アルゼンチンが「歯の無いライオン」と揶揄されたことに対する意趣返しで名付けられたらしい。主武装はクルップ社製の30口径75mm野砲M1909で、副武装に12・7mm機関銃1挺を砲塔に備え、車体前面にマドセン7・65mm軽機関銃3挺を装備している。だが第二次世界大戦終結後、大量の余剰戦車が安価に手に入るようになったため、わずか23輛のみで生産は打ち切られた。

ファミリー化を前提に設計された中戦車シリーズ
TAM中戦車

アルゼンチン

DATA
採用：1979年　重量：31t　全長：8.17m　全幅：3.31m
全高：2.44m　エンジン：MTU水冷6気筒ターボチャージド・ディーゼル720hp　武装：105mm滑腔砲、7.62mm機銃
最大速度：72km/h　乗員：4名

ドイツ製マルダー歩兵戦闘車をベースに、エンジンを車体前部に置いたのが特徴。

アルゼンチン中戦車シリーズのTAM。スペイン語で中戦車の意味の言葉の頭文字である。アルゼンチン陸軍の要求によって、ドイツのティッセン・ヘンシャル社（現ラインメタル・ランドシステムズ社）がマルダー歩兵戦闘車をもとに開発した。主砲は105mmライフル砲で、イギリス製、フランス製、西ドイツ製のものが採用されており、車体構造はエンジンが前部に搭載されているのが特徴。1976年に試作1号車が完成し、アルゼンチンのTAMSE社で改修が実施された。また、ファミリー化を前提に設計されているため、主要な装甲戦闘車輌は、ほとんどこのTAMの派生形で製造ができるようになっている。

第10章　諸外国の戦車

オーストリア・スペイン共同開発の途上国向け戦車
ASCOD105

共同開発

DATA
採用:1996年　重量:28.5t　全長:7.63m　全幅:3.15m
全高:2.76m　エンジン:MTU水冷8気筒ターボチャージド・ディーゼル600hp　武装:105mm低反動ライフル砲、7.62mm機銃×2　最大速度:70km/h　乗員:4名

写真はスペインのASCOD歩兵戦車「ピサロ」。
© Melkart

オーストリアのスタイア・ダイムラー・ブーク社とスペインのサンタ・バルバラ社が共同で開発した軽戦車。歩兵戦闘車ASCODをベースに、105mm砲を搭載した軽戦車。主に発展途上国への輸出を目的に設計されており、本格的なMBTの購入は資金的に問題があるが、歩兵戦闘車だと火力不足だというジレンマをカバーするような仕様になっている。砲手には昼夜間照準器としてレーザー測距器が用意され、オプションとして増加装甲もできる。攻撃力・防御力ともに高いとは言えないが、装軌式のため、不整地での踏破力が高く、道路網が未整備な開発途上国ではMBTを補完する存在になりうるとも考えられる。

南アフリカ TTD試作戦車

南アフリカ陸軍が1990年代に新世代MBTの国内開発に着手した。ソ連の戦車T-72に対抗すべく、装甲防御力、主砲火力などを強化。現在は試作段階にとどまっている。

採用：― 重量：58.3t 全長：9.88m 全幅：3.62m 全高：2.99m エンジン：8気筒ツイン・ターボ・ディーゼル 武装：105mmライフル砲、7.62mm機銃×2 最大速度：71km/h 乗員：4名

まだある！諸外国の戦車

世界各国の試作車・傑作車を一挙掲載！

スイス Pz87レオ

1987年にドイツからレオパルト2を受領し、スイスでライセンス生産を開始。基本的な設計はレオパルト2と同じだが、通信機やアンテナをスイス製に変装している。

採用：1984年 重量：55.15t 全長：9.67m 全幅：3.7m 全高：2.48m エンジン：MTU製水冷12気筒ターボチャージド・ディーゼル1500hp 武装：120mm滑腔砲、7.62mm機銃×2 最大速度：72km/h 乗員：4名 ※データはレオパルト2A4型

中国 99式水陸両用軽戦車

63式水陸両用戦車をもとに、1999年から開発された本車。スーパーチャージド・エンジン搭載で地上および水上での速度性能が向上している。

開発：1999年 重量：20.5t 全長：11m 全幅：3.25m 全高：― エンジン：― 武装：105mm砲、12.7mm機銃、7.62mm機銃 最大速度：60km/h 乗員：4名

ヨルダン アル・フサイン/ファルコン2

2000年、イギリス軍の退役した400輌のチャレンジャー1をヨルダンに引き渡した。その戦車を改良し、名前を「アル・フセイン」と改めヨルダン陸軍で運用されている。

採用：2000年 重量：62t 全長：11.56m 全幅：3.52m 全高：2.95m エンジン：液冷ディーゼル1200hp 武装：120mmライフル砲、7.62mm機銃×2 最大速度：56km/h 乗員：4名

台湾 64式軽戦車

アメリカ軍戦車M41をもとに台湾が開発した国産戦車。1975年に制式採用され、配備されている。1999年までに50輌が改修されている。

採用：1975年 重量：25t 全長：8.21m 全幅：3.2m 全高：2.73m エンジン：スーパーチャージド・ディーゼル1000hp 武装：76mmライフル砲、7.62mm機銃、12.7mm機銃 最大速度：72km/h 乗員：4名 ※データはM41

イスラエル サブラ

採用:― 重量:55t 全長:9.4m 全幅:3.63m 全高:3.05m エンジン:― 武装:120mm砲、12.7mm機銃、7.62mm機銃、60mm迫撃砲 最大速度:48km/h 乗員:4名

イラン サフィール74

開発:1996年 重量:― 全長:― 全幅:― 全高:― エンジン:液冷12気筒スーパーチャージド・ディーゼル780hp 武装:105mmライフル砲、12.7mm重機銃、7.62機銃 最大速度:65km/h 乗員:4名

ウクライナ T-72 AG

ソ連が開発したT-72のアップグレード型。1995年から生産された。125mm滑空砲は、最大で3000m先の敵とも交戦できる。

生産:1995年 重量:48t 全長:9.53m 全幅:3.46m 全高:2.23m エンジン:ー 武装:125mm滑空砲、12.7mm重機銃、7.62mm機銃 最大速度:70km/h 乗員:3名

スロバキア ZTS T-72M1・2

スロバキアが独自にソ連のT-72戦車を改良。20mm機関砲が搭載されているのが大きな変更点。生産はZTSテース・マルチン社が担当している。

採用:ー 重量:43.5t 全長:9.53m 全幅:3.59m 全高:2.37m エンジン:液冷12気筒スーパーチャージド・ディーゼル850hp 武装:125mm滑空砲、20mm機関砲、7.62機銃 最大速度:60km/h 乗員:3名 ※データはT-72M1

クロアチア M-95 ダグマン

M-84戦車をベースにクロアチアが開発したM-95ダグマン。2001年初頭にクロアチア陸軍で運用される予定だったが、製造コストが高いなどの理由で採用は見送られた。

開発:1995年 重量:47.5t 全長:ー 全幅:ー 全高:ー エンジン:液冷12気筒ターボチャージド・ディーゼル 武装:125mm滑空砲、12.7mm重機銃、7.62mm機銃 最大速度:65km/h 乗員:3名

ニュージーランド ボブ・センプル戦車

本車名はニュージーランド国防大臣の名前がつけられた。1940年から1941年のうちに4輌の試作車が製作されたが、性能は低く採用はされなかった。

開発:1940年 重量:20~25t 全長:4.2m 全幅:3.3m 全高:3.65m エンジン:ー 武装:ー 最大速度:24km/h 乗員:ー

ニュージーランド
スコフィールド軽戦車

　設計者の名前がつけられた本車は、ニュージーランドで製作された試作車。砲塔には40mm砲と機銃が備えつけられている。実戦には投入されることはなかった。

採用：ー　重量：5.29t　全長：3.99m　全幅：2.6m　全高：2.02m　エンジン：シボレー6気筒29.5hp　武装：40mm砲、機銃　最大速度：73km/h　乗員：3名

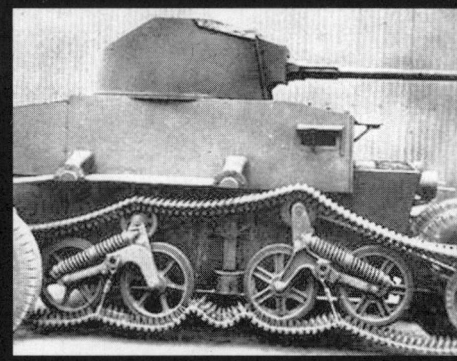

ルーマニア　TR-580

　1970年代にロシアのT-55戦車をもとに、ルーマニアが開発した国産戦車。T-55よりも信頼性は向上し、エジプトにも200輌輸出した。

開発：1970年代　重量：38.2t　全長：9m　全幅：3.3m　全高：3.5m　エンジン：ー　武装：100mm砲、12.7mm重機銃、7.62機銃　最大速度：48km/h　乗員：4名

ノルウェー　NM-116軽戦車

　本車はノルウェーのトゥーン・ユーレカ社が、M24軽戦車をベースに改良した。1973年に試作車が完成し、79輌が生産された。

完成：1973年　重量：18.4t　全長：5.06m　全幅：2.99m　全高：2.77m　エンジン：ー　武装：90mm低圧砲、12.7mm機銃×2　最大速度：57km/h　乗員：4名

国際共同開発　VMF5

　イギリスのヴィッカー社とアメリカのFMC社が共同で開発した戦車。1985年に試作車が完成したが、コスト面で問題があり制式採用されることはなかった。

完成：1985年　重量：19.7t　全長：8.6m　全幅：2.69m　全高：2.62m　エンジン：デトロイト・ディーゼル552hp　武装：105mm砲、7.62機銃×2　最大速度：70km/h　乗員：4名

ルーマニア　TM-800

　ルーマニアが主力戦車TR-85を輸出型として改良したのがTM-800である。チェコやポーランドなど競争相手が多く、量産はされていない状況だ。

開発：1985年　重量：45t　全長：9m　全幅：3.3m　全高：2.35m　エンジン：ディーゼル830hp　武装：100mm砲、12.7mm重機銃、7.62機銃　最大速度：64km/h　乗員：4名

参考文献

『世界の主力戦車カタログ』 日本兵器研究会／編 アリアドネ企画
『新・世界の主力戦車カタログ』 清谷信一／著 アリアドネ企画
『世界の無名戦車』 斎木伸生／著 アリアドネ企画
『丸別冊 スーパーティーガーレオパルト2 ドイツ最強戦車伝説』 潮書房
『決定版世界の最強兵器FILE』 学研パブリッシング
『最強 世界の戦闘車両図鑑』 坂本明／著 学研パブリッシング
『大図解 第二次世界大戦の秘密特殊兵器』 坂本明／著 グリーンアロー出版
『戦車名鑑 1939～45』 望月隆一／編 光栄
『戦車名鑑 1946～2002 現用編』 田中義夫／編 コーエー
『ドイツ突撃砲＆駆逐戦車 戦場写真集』 広田厚司／著 光人社

『戦車大百科』 コスミック出版

『日本の戦車』 竹内昭／著 出版協同社

『世界の最新陸上兵器300』 成美堂出版

『世界の戦車1915〜1945』 ピーター・チェンバレン／著 大日本絵画

『ドイツ陸軍戦史』 上田信／著 大日本絵画

『メカニックブックス レオパルト戦車』 浜田一穂／著 原書房

『図説 世界戦車大全』 マーティン・J・ドアティ／著 原書房

『世界の戦車がよくわかる本』 斎木伸生／著 PHP研究所

参考サイト

【戦車研究室】
(http://combat1.sakura.ne.jp/index.html)

【Keyのミリタリーなページ】
(http://military.sakura.ne.jp/index.html)

Staff

原稿協力　ライティング工房、
合同会社DRILL STAR、
オフィスキング、龍田昇、中村達彦、
上野臺恵介

彩色　澤田俊晴

写真協力　花井健朗

表紙カバーデザイン
森田（G.B.Design House）

DTP　徳本育民（G.B.Design House）、
横山保子

「歴史の真相」研究会（「れきしのしんそう」けんきゅうかい）
豊富な文献とデータベースをもとに歴史に隠された真実を考察する団体。日本史から世界史まで幅広く研究する。主な著書に『学校では教えてくれない本当の日本史』『本当は怖い古代エジプト ツタンカーメンとピラミッドの謎』『日本人だけが知らないおもしろ世界史』『日本の軍艦 完全網羅カタログ』『世界の戦闘機 完全網羅カタログ』（すべて宝島社）などがある。

世界の戦車 完全網羅カタログ

2014年7月18日　第1刷発行
2022年7月28日　第5刷発行

著者　「歴史の真相」研究会

発行人　蓮見清一
発行所　株式会社宝島社
　　　　〒102-8388　東京都千代田区一番町25番地
　　　　営業　03-3234-4621
　　　　編集　03-3239-0928
　　　　https://tkj.jp
印刷・製本　株式会社光邦

乱丁、落丁本はお取り替えいたします。
本書の無断転載、複製、放送を禁じます。

©Rekishinoshinsou Kenkyuukai 2014
Printed in Japan
ISBN978-4-8002-2842-0